能源知识绘

——电从哪里来——

中国电机工程学会　浙江省电力学会　组编

中国电力出版社
CHINA ELECTRIC POWER PRESS

图书在版编目(CIP)数据

能源知识绘. 电从哪里来 / 中国电机工程学会, 浙江省电力学会组编. - 北京 : 中国电力出版社, 2019.9（2022.9 重印）

ISBN 978-7-5198-3646-7

Ⅰ. ①能… Ⅱ. ①中… ②浙… Ⅲ. ①能源 - 普及读物 ②电能 - 普及读物 Ⅳ. ①TK01-49②O441.1-49

中国版本图书馆CIP数据核字(2019)第183907号

策　　划　肖　兰　汪　敏
编　　著　陈书贵　曹　荣　肖　兰　汪　敏　刘大伟　严　浩　郭　亮
手　　绘　徐　力　张　晗　侯景书　林丹文　王梦瑶　汪　敏
图片监制　刘大伟
装帧设计　赵丽娟
排版制作　翟可君

出版发行　中国电力出版社
地　　址　北京市东城区北京站西街19 号（邮政编码100005）
网　　址　http://www.cepp.sgcc.com.cn
责任编辑　曹　荣
责任校对　黄　蓓　闫秀英
装帧设计　北京锐新智慧文化传媒有限责任公司
责任印制　钱兴根

印　　刷　北京雅昌艺术印刷有限公司
版　　次　2019 年9月第一版
印　　次　2022 年9月北京第二次印刷
开　　本　889 毫米 × 1194 毫米　16 开本
印　　张　3.75
字　　数　100 千字
定　　价　45.00 元

给你一把钥匙

在大自然中，能量随处可见：炽热的太阳发出光能、热能，河流的落差带来动能、势能，涌动的洋流蕴藏海流能、潮汐能……能量让地球生机勃勃，不断孕育繁衍新生命。

人类社会发展到今天，能源的话题比以往任何时候都更加引人关注，究其根本是人类自我生存的自然环境受到了前所未有的挑战。如何高效清洁地开发利用能源，以满足人类不断发展的需要；如何在环境日趋恶化的现实面前找到可循环再生利用的绿色能源，这些都是人类面临的严峻课题。

迄今为止，人类依然离不开煤、石油、天然气这些便利、有效的化石能源，也在不断探索可再生的风能、水能、太阳能、地热能、生物质能……无论可再生能源还是不可再生能源，都可以转换成经济、实用、清洁且容易控制和转换的电能。

电能给人类带来光明，给社会带来动力。有了电能，声音可以高低转换，画面可以被分享至千里之外，飞架南北、横贯东西的电网可以将电能源源不断地输送到各个角落，让电动机车疾驰，让城市霓虹闪烁……如果说蒸汽机被视为引爆工业革命的火花，那么电能就是推进现代人类社会文明发展的强大引擎。

《能源知识绘》丛书共有6个分册，分别为《万家灯火》《大显身手》《电从哪里来》《传统能源》《可再生一族》和《各尽所能》。本书为《电从哪里来》分册，共包括4个知识单元，分别介绍了电是如何被发现和研究的；磁生电和电生磁、导体和绝缘体、直流电和交流电；电力是通过什么样的方式被大规模生产出来的，包括火力发电、水力发电、核能发电、风力发电、太阳能发电、潮汐发电、生物质发电、地热发电等；电力是通过何种途径输送到千家万户的。

今天的人类离不开能源，未来人类对能源的利用将不断发展。知识没有空间和时间的边界，好奇是求知的本能和动力。启发和陪伴读者领悟科学的真谛、感受技术发展的魅力是编写本书的初衷。亲爱的读者，如果你想探索能源的奥秘，打开未知世界的知识宝库，《能源知识绘》便是这样一把钥匙。

《能源知识绘》编委会

目 录

初期的探索

人类对电的初步认识是从空中闪电、静电现象、摩擦起电、地球磁场等开始的。到19世纪70年代，特别是法拉第（Michael Faraday）发现电磁感应现象之后，厚积薄发的探索进程突然加快了。人类开始将机械能通过发电机转换为电能，而电能通过电动机又可以再转换为机械能做功，从而带动了现代工业的发展，开创了电气时代。早期的发电厂依靠蒸汽机驱动，效率很低。当汽轮机取代蒸汽机成为电厂的主要机械动力后，火电厂有了较快发展。全世界不同国家的科学家前赴后继、不停努力，成功开拓了电力工业的发展之路。

夜幕下的空中放电

空中放电

雷雨天气时，人们经常能看到闪电和听到雷鸣，这是因为云中的正电荷与负电荷积累到一定程度时击穿空气，两种电荷中和产生火花放电，瞬间发出一道道强光，形成闪电。放电的同时还会产生高温，使周围的空气、水滴剧烈受热而突然膨胀，形成巨大的响声，这就是雷鸣。人们之所以先看到闪电而后听到雷声，是因为光的传播速度远远大于声音的传播速度。闪电是一种自然现象，也可能是人类对电最初的认知。

静电和人体带电

静电是由处于静止状态的电荷或不流动的电荷聚集在某个物体上或物体表面而产生的。一旦带静电的物体接触到零电位物体（接地物体）或与其有电位差的物体时，就会发生电荷转移，产生火花放电现象。人体通过摩擦可能产生静电，例如在北方天气干燥的冬天，人体很容易就带上静电，当接触他人或金属导电体的瞬间会出现放电现象，除了伴有触电的针刺感，在夜晚可以看到衣物与人体摩擦产生静电的火花。

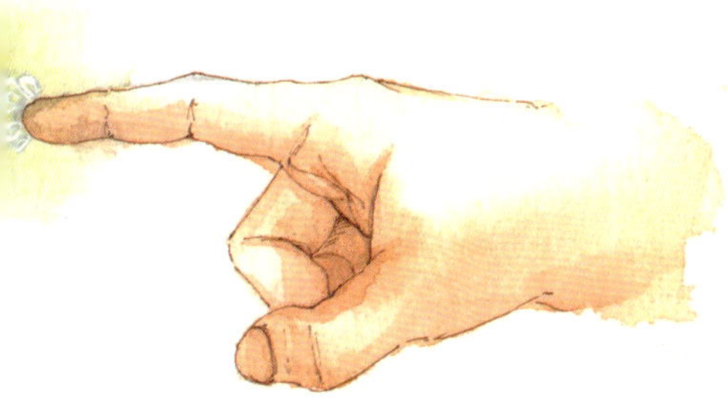

■ 黑暗中干燥天气时的火花放电

■ 人体带电

带电的动物

自然界中有些动物也是带电的，它们的这种本领可以用来自卫或者获取食物。百花之中上下飞舞的蜜蜂利用身体与空气摩擦产生静电，从而帮助其吸附花朵中的花粉。世界上已知的发电鱼类达数十种，如生活在日本的单鳍电鳐、太平洋和地中海的石纹电鳐、非洲河流中的电鲇、南美洲亚马逊流域的电鳗等均带电。电鲇可产生和控制放电，用来自卫或捕获猎物。电鳗能控制放电时间和强度，它的放电平均电压约为350伏，但也有过超过600伏的记录，足以将人击昏，甚至击毙一头牛。

■ 河流中的电鳗

伽伐尼试验

1780年，意大利解剖学家伽伐尼（Luigi Galvani）在做青蛙解剖实验时，无意间将两手分别拿着的不同金属器械同时碰在青蛙的大腿上。青蛙腿部的肌肉立刻抽搐了一下，仿佛受到了电流的刺激。如果只用一种金属器械去触动青蛙，青蛙就没有这种反应。伽伐尼由此提出的“生物电”遭到了物理学家们的质疑，也引发了他们对“电”的进一步探索。1799年，意大利物理学家伏特（Alessandro Volta）做了把锌板和锡板（导体）浸在盐水（电解质）里的实验，而他的实验结论就是：不同导电物质接触能够产生电流。

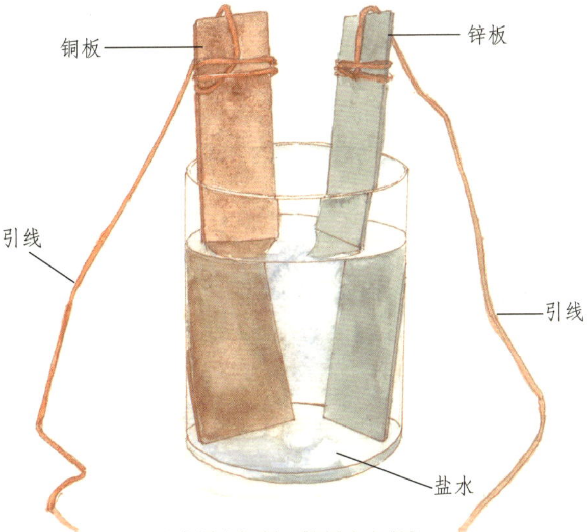

■ 盐水中插入铜板、锌板生电现象

认识磁性

早在远古时代，人类就注意到了磁的现象，在生产中通过接触磁石，发现它有吸引铁的性质，后来又发现了磁石的指向性。北宋年间的《武经总要》中有利用漂浮在水面的鱼形铁叶来指南的记载。沈括在《梦溪笔谈》中记载了利用磁现象制造而成的指南针的各种不同用法，并且记载了磁偏角的存在。朱彧在《萍洲可谈》中提到，公元1099～1102年，中国的海船已经开始将指南针用于航海。现在，指南针常用于户外运动、航海、测量、旅行及军事等方面。

■ 指南针

■ 秋天候鸟迁徙过冬

奥斯特的发现

早期人们认为磁是磁，电是电，两者没有任何关系。1820年，丹麦物理学家奥斯特（Hans Christian Oersted）在一次讲座上演示电流产生磁效应的试验，发现通电后靠近通电导体的磁针发生了轻微摆动，这是人类首次有意识地发现电与磁的关系。后来奥斯特证明通电导线周围和永磁体周围一样都存在磁场，从而把电学和磁学联系起来。奥斯特的发现为电磁学和电力的发展打下了理论基础。

■ 丹麦物理学家奥斯特

电磁场和电磁波

电可以生产生磁，磁也能带来电，变化的电场和变化的磁场构成了一个不可分离的统一场，这就是电磁场。电磁场是电磁作用的媒介，是物质的一种存在形式。而变化的电磁场在空间的传播就形成了电磁波。19世纪60年代，英国科学家麦克斯韦（James Clerk Maxwell）建立了完整的电磁波理论，断定了电磁波的存在，并推导出电磁波与光传播的速度相同。1887年，德国物理学家赫兹（Heinrich Rudolf Hertz）也证实了电磁波的存在。

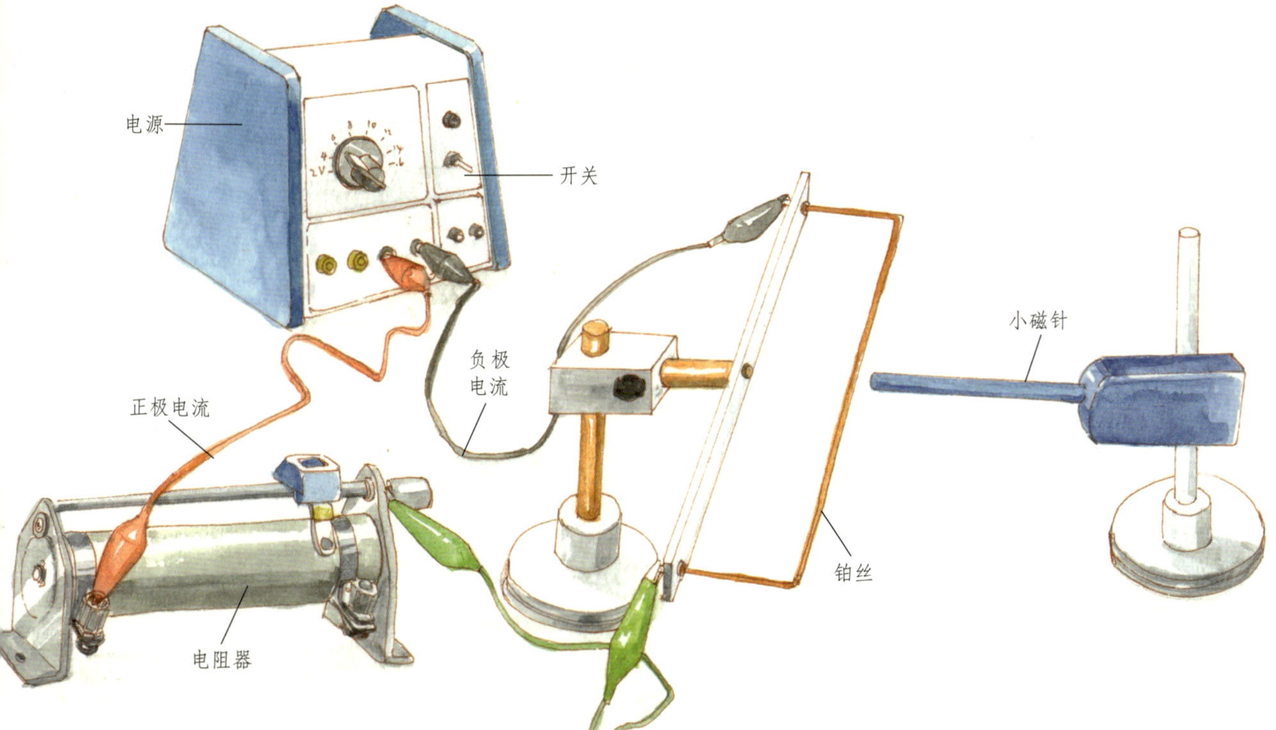

■ 电磁场试验电路

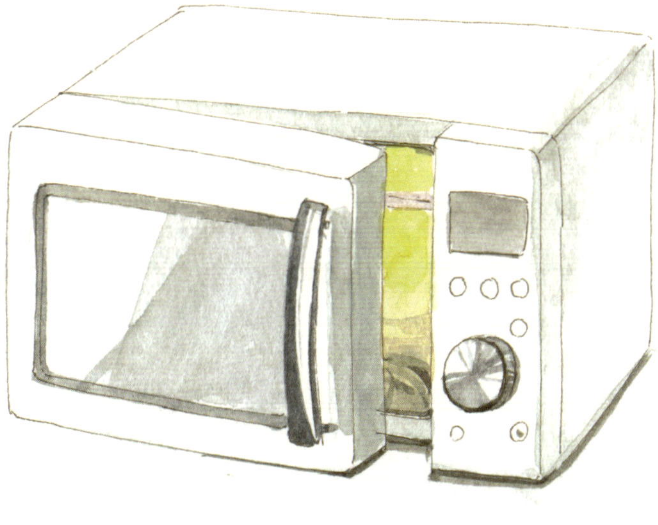

■ 烹饪食物的微波炉发射的也是电磁波

可见电磁波和不可见电磁波

电磁场的传播就形成了电磁波，电磁波就是在空间传播的时变电磁场。常见的电磁波有无线电波、微波、红外线、可见光、紫外线、X射线、伽马射线等，这些全都是电磁波，只是频率和波长不同。其中无线电波的波长是电磁波中最长的，伽马射线的波长最短。人眼可以接收到的电磁波的波长一般在380～780纳米之间，也就是通常所说的可见光。

磁生电现象

磁生电现象是英国物理学家法拉第发现的。当闭合电路的一部分导体在磁场中做切割磁力线运动时，导体上会产生电流，这就是磁生电现象，又称电磁感应现象。在这个过程中，能量由机械能转化为电能。所产生的电流称为感应电流，所产生的电动势（电压）称为感应电动势。根据这个原理，人们发明了发电机，从此逐渐开始了电力的大规模生产和远距离输送，直到进入了电气化时代。

■法拉第磁生电发电机

■法拉第

电生磁现象

电生磁现象是指当一条直的金属导线通过电流，在导线周围的空间将产生圆形磁场，导线中流过的电流越大，产生的磁场越强。在通电直导线中，磁场的方向可以根据右手螺旋定则（安培定则）来确定：用右手握住通电直导线，让大拇指指向电流方向，其余四指弯曲的方向就是磁感线的环绕方向。人类利用电生磁现象发明了电动机，将电能转换为机械能，用来驱动机械制造、冶金、煤炭、石油和轻纺等各种用途的旋转机械。

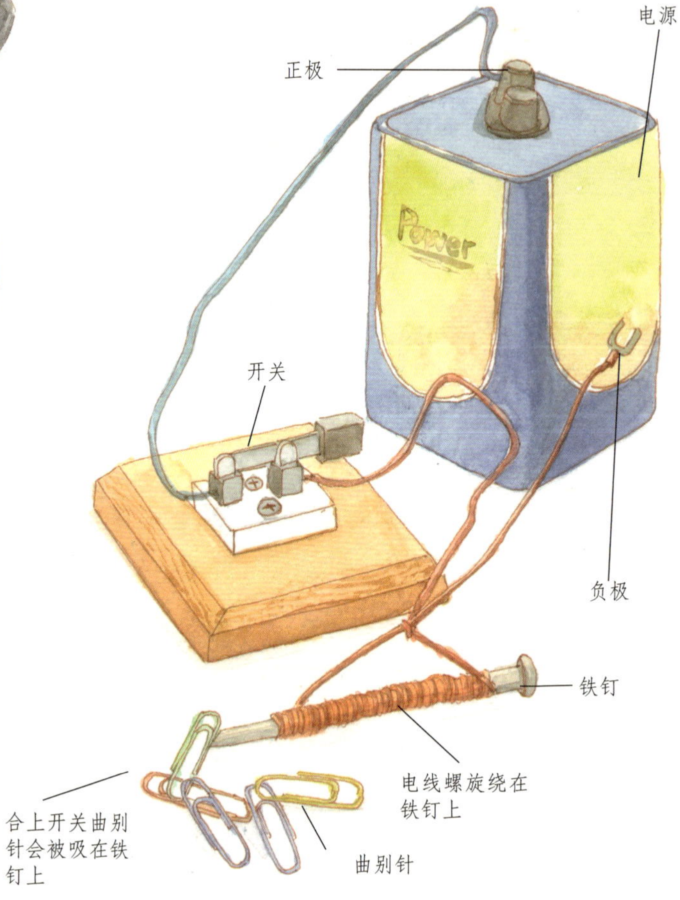

■电生磁电路

电磁感应

电磁感应定律也叫法拉第电磁感应定律。1831年，法拉第发现电磁感应现象，奠定了电机学的理论基础。电磁感应现象是指因磁通量变化产生感应电流和感应电动势的现象。感应电动势的方向与感应电流的方向相同。感应电流的磁场要阻碍原磁通的变化。简而言之，就是磁通量变大，产生的电流有让其变小的趋势；而磁通量变小，产生的电流有让其变大的趋势。

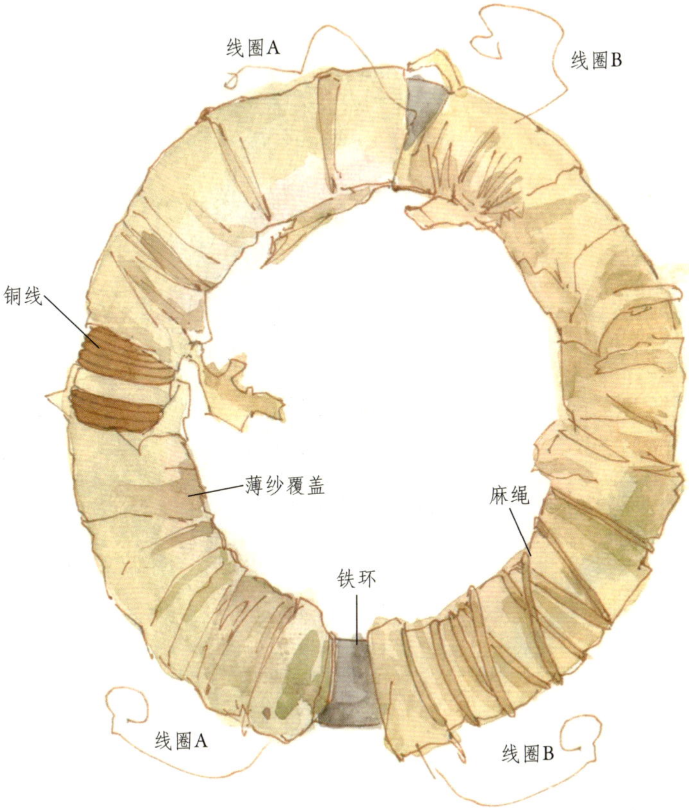

■ 法拉第电磁感应线圈

法拉第的贡献

1821年，法拉第完成了第一项重大发明——电动机。虽然这个装置比较简陋，却是世界上所有电动机的祖先。1831年，法拉第发明了圆盘发电机，现代世界上产生电力的发电机是从它开始的。1843年，法拉第证明了电荷守恒定律。1845年，法拉第发现了磁光效应，证实了光和磁的相互作用，为电、磁和光的统一理论奠定了基础。法拉第被后人誉为“电学之父”，他在电磁学方面对全球的伟大贡献是不可磨灭的。

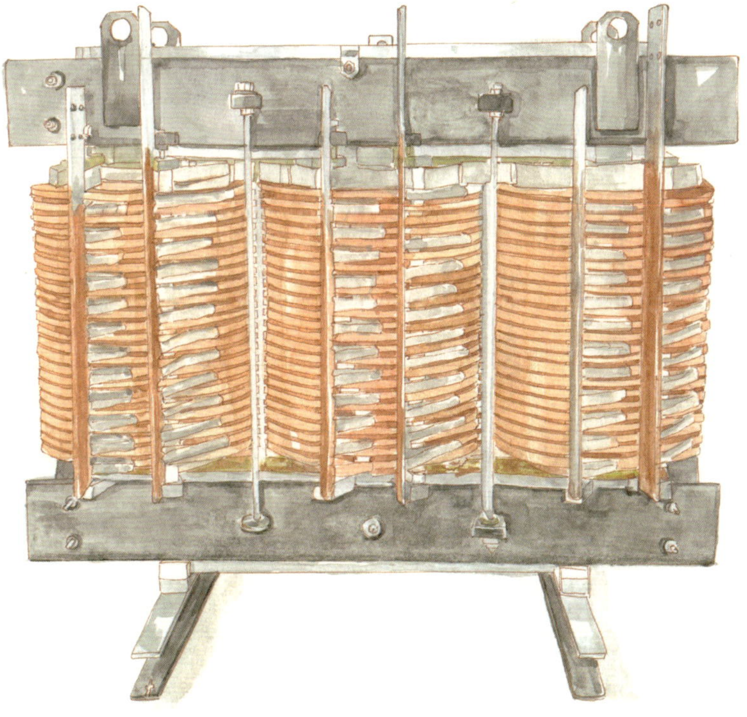

■ 利用电磁感应原理制成的变压器

蒸汽机

18世纪初，早期的工业蒸汽机问世，只是它的效率太低。1780年，瓦特（James Watt）改进了他的蒸汽机，让它可以做圆周运动，能够驱动机车的轮子，从而开创了蒸汽机时代。

蒸汽机的发展在20世纪初达到了顶峰。它具有恒扭矩、可变速、可逆转、运行可靠、制造和维修方便等优点，曾被广泛用于电站、工厂、机车和船舶等各个领域中，特别在军舰上成了当时唯一的原动机。蒸汽机主要由汽缸、底座、活塞、曲柄连杆机构、滑阀配汽机构、调速机构和飞轮等部分组成。

■ 蒸汽机车

■ 早期的发电设备

爱迪生和发电

19世纪70年代，欧洲进入电力革命时代，大大小小的企业纷纷采用新的动力——电能。美国发明家爱迪生（Thomas Alva Edison）于1882年在纽约珍珠街建立了拥有6台发动机的发电厂。电厂采用直流发电，即利用蒸汽机驱动直流发电机。其电压为110伏，可为1000个白炽灯泡供电。1884年发明的汽轮机直接与发电机连接，省去了齿轮装置，运行平稳、磨损少。此后，开始了大规模的火电厂建设。

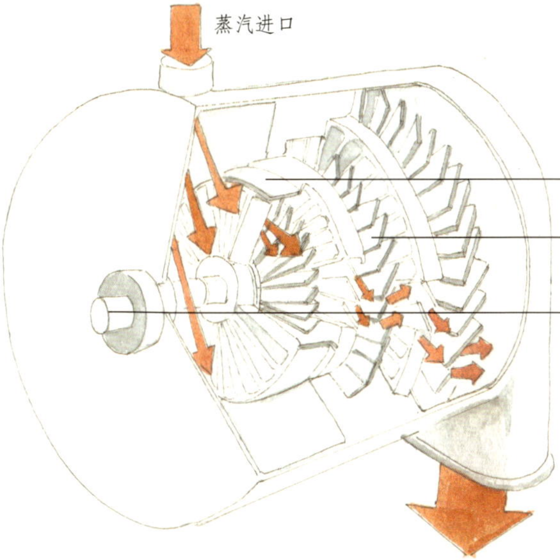

■汽轮机工作原理示意图

从蒸汽机到汽轮机

蒸汽机利用蒸汽来推动气缸内的活塞做往复运动，活塞通过曲柄带着设备工作，但离不开锅炉。整个装置笨重庞大，蒸汽的压力和温度不能过高，排气压力不能过低，热效率难以提高，工作过程不连续，蒸汽的流量受到限制，功率难以提高。汽轮机则通过高温高压的蒸汽在汽缸内膨胀做功，推动转子高速旋转，转子再带动其他设备工作。汽轮机凭着热效率高、单机功率大、转速高、单位功率重量轻和运行平稳等优点，使蒸汽机在发电厂中被淘汰。

■石龙坝水电站旧址

■杨树浦发电厂

石龙坝水电站与杨树浦发电厂

中国早期水电和火电建设的标志性工程分别是始建于1910年的云南昆明石龙坝水电站和兴建于1911年的上海杨树浦发电厂。石龙坝水电站于1912年建成发电，安装有两台240千瓦混流式水轮发电机组，其中水轮机、水轮发电机和全部电气设备为德国制造。1913年4月建成发电的上海杨树浦发电厂是当时中国最大的火电厂，发电装机容量达到19.85万千瓦。

直流电和交流电

直流电的电流大小可以随着时间而变化，但电流的方向在所有时间里都是一样的。交流电的电流大小和方向随时间都作周期性变化，且在一个周期内的电流平均值为零。交流电可以通过整流器转换成直流电，直流电可以通过逆变器转换成交流电。交流电的波形通常为正弦曲线，人们生活中通常使用的就是具有正弦波形的交流电。

■电池提供的电源是直流电

交直流电之争

1882年大型双相交流发电机在英国面世，1891年特斯拉（Nikola Tesla）高频（15000赫兹）交流发电机的专利等诞生，使得交流发电成为现实。19世纪90年代，发生了以爱迪生支持的直流电与特斯拉支持的交流电纷争，美国两大电力公司通用和西屋也卷入了这场“电流大战”。当时，直流电无法进行远距离输送（当时的极限距离大约只有1千米），升高或降低直流电压还需要复杂的电路。相比之下，交流电不仅可以远距离传输，还可以通过变压器方便地升压和降压，能够更有效地传输电能。最终，特斯拉支持的交流电占据了主导地位并统治了一个世纪。现在工农业生产和人们日常生活中大多使用的是交流电。

■爱迪生（左）和特斯拉

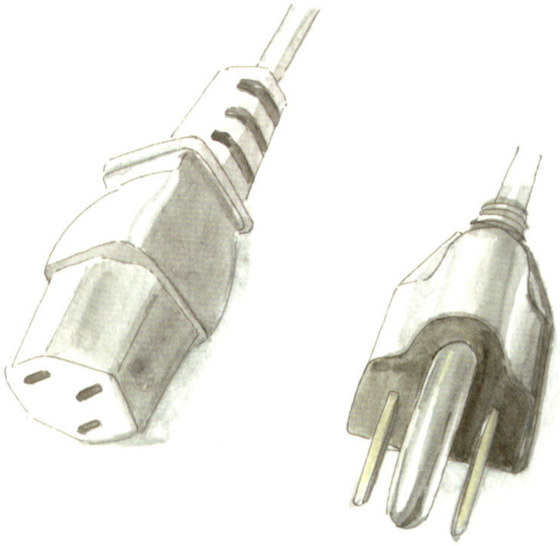

■ 提供给家用电器的电源是交流电

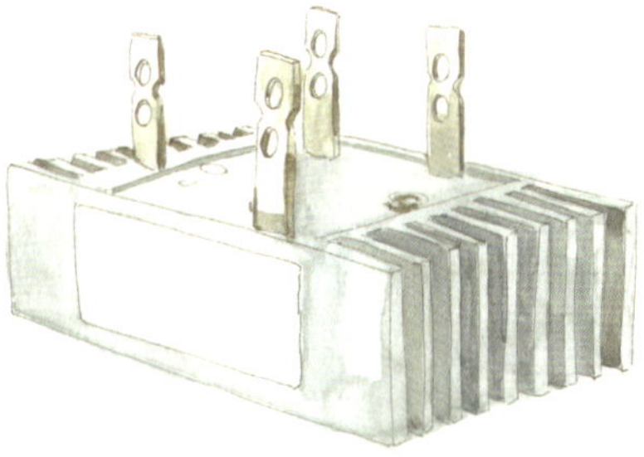

■ 将交流电转换成直流电的整流器

特斯拉和水电站

1893年1月，特斯拉在美国芝加哥的世界博览会上展示了交流电同时点亮数万盏灯泡的供电能力，震撼全场。特斯拉因此取得了尼亚加拉水电站的电力设计工程。1897年，举世闻名的尼亚加拉水电站在美丽的尼亚加拉瀑布建成，现已使用100多年。当时世界各地都在使用费用高昂的直流电，而尼亚加拉水电站采用了特斯拉发明的交流输电技术，用高压电实现了远距离供电，从此交流电取代了直流电成为主流。

■ 尼亚加拉水电站旁的特斯拉铜像

电力的来源

由于汽轮机和水轮机的发明，高温高压蒸汽的热能、水压力差的势能推动叶片旋转转变为机械能，再通过同轴传动，带动发电机的转子运动切割磁力线，最终将机械能转变为电能。20世纪的另一项重要技术是核裂变，它使得核能发电成为可能。地热资源也被更加充分地利用，实现了地热发电。人们还利用地球与月球之间的引力所引发的潮汐现象建造了潮汐电站。总之，除了传统的化石能源以外，人类在开发和利用太阳能、风能、海洋能和生物质能等方面都取得了非常巨大的进步。

火电厂布局

火力发电厂是利用火力发电机组生产电能的工厂，简称火电厂。火电厂的基本生产过程是：燃料在锅炉中燃烧，所释放的热量传给锅炉中的水，产生高温高压蒸汽，蒸汽通过汽轮机把热能转化为动能，驱动发电机发电，最终输出电能。火电厂最主要的设备是锅炉、汽轮机和发电机，它们都安装在发电厂的主厂房内，其他设备还包括煤库、运煤机、煤炭料仓、煤粉机、烟囱、冷却塔和变压器等。

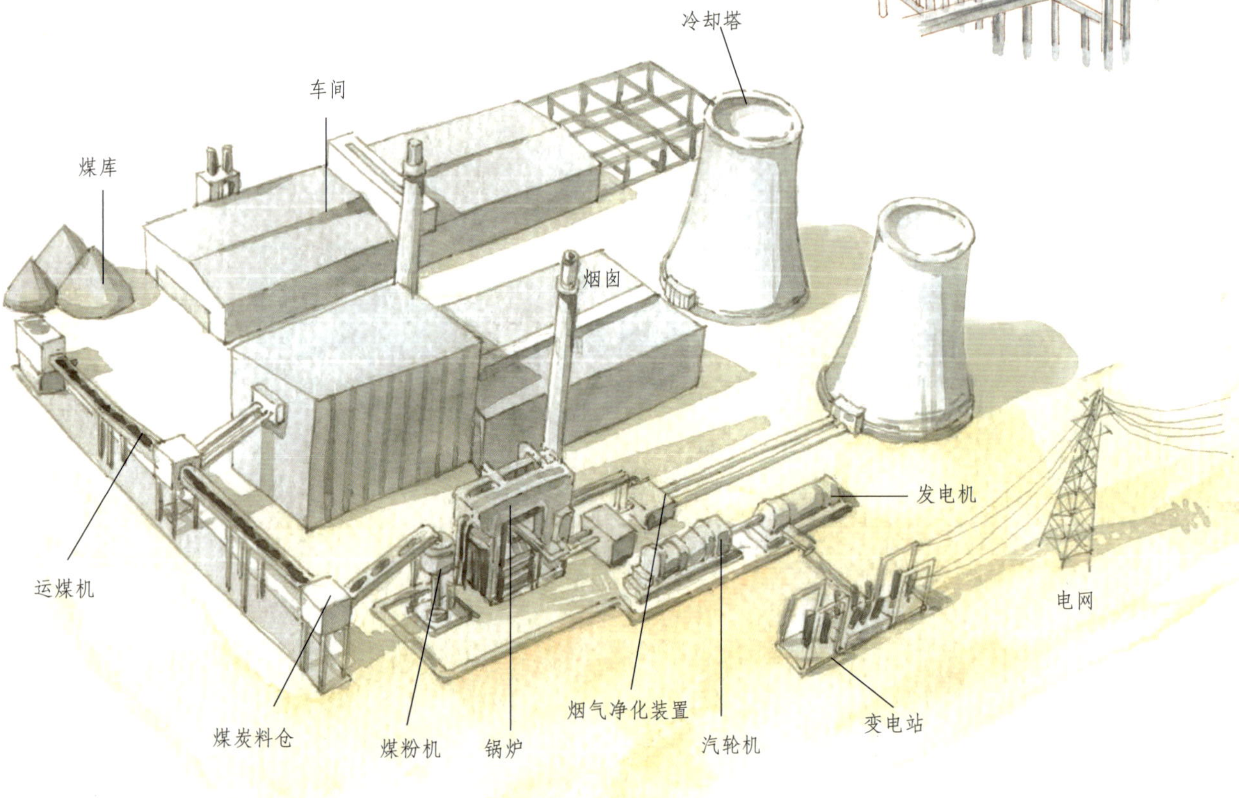

■火电厂布局示意图

电站锅炉

用于发电的锅炉称为电站锅炉，又称蒸汽发生器。一般锅炉的蒸发量较大，蒸汽温度和压力很高，可燃用多种燃料，例如煤粉、原油或重油、高炉煤气或炼焦炉煤气。电站锅炉与常见的烧水锅炉原理相同，但结构不同，外观上更像一座由管子组成的塔楼，炉膛内的火焰在空中悬浮燃烧，加热水管。按照不同燃料种类，锅炉可分为燃煤锅炉、燃气锅炉和燃油锅炉。

■电站锅炉

汽轮发电机组

汽轮发电机组是用汽轮机来驱动同步发电机发电的装置。汽轮机是旋转式蒸汽动力装置，它主要由转动部分和静止部分组成，锅炉燃烧后的高温高压蒸汽进入汽轮机，通过固定的喷嘴（也叫静叶片），成为高压的气流喷射到转动部分的动叶片上，装有叶片的转子就被推动旋转，同时在同轴连接的发电机中，利用电磁感应原理把机械能转换成电能。

■汽轮发电机组

■冷却塔

冷却塔

冷却塔是火电厂（空冷）的冷却设施，通过蒸发或者对流把冷却介质携带的热量散发到大气中。许多大型火电厂冷却塔是双曲线型薄壳构筑物，高度可达75～150米，底边直径65～120米。冷却塔利用从下往上流动的空气去冷却从上往下流动的水，冷却后的水送到凝汽器里把在蒸汽轮机中做过功的蒸汽冷凝成水再送回锅炉中去加热。这样就构成一个热力循环，火电厂就是依靠这个过程来不断循环发电。冷却过程大部分是蒸发散热，小部分是对流散热。

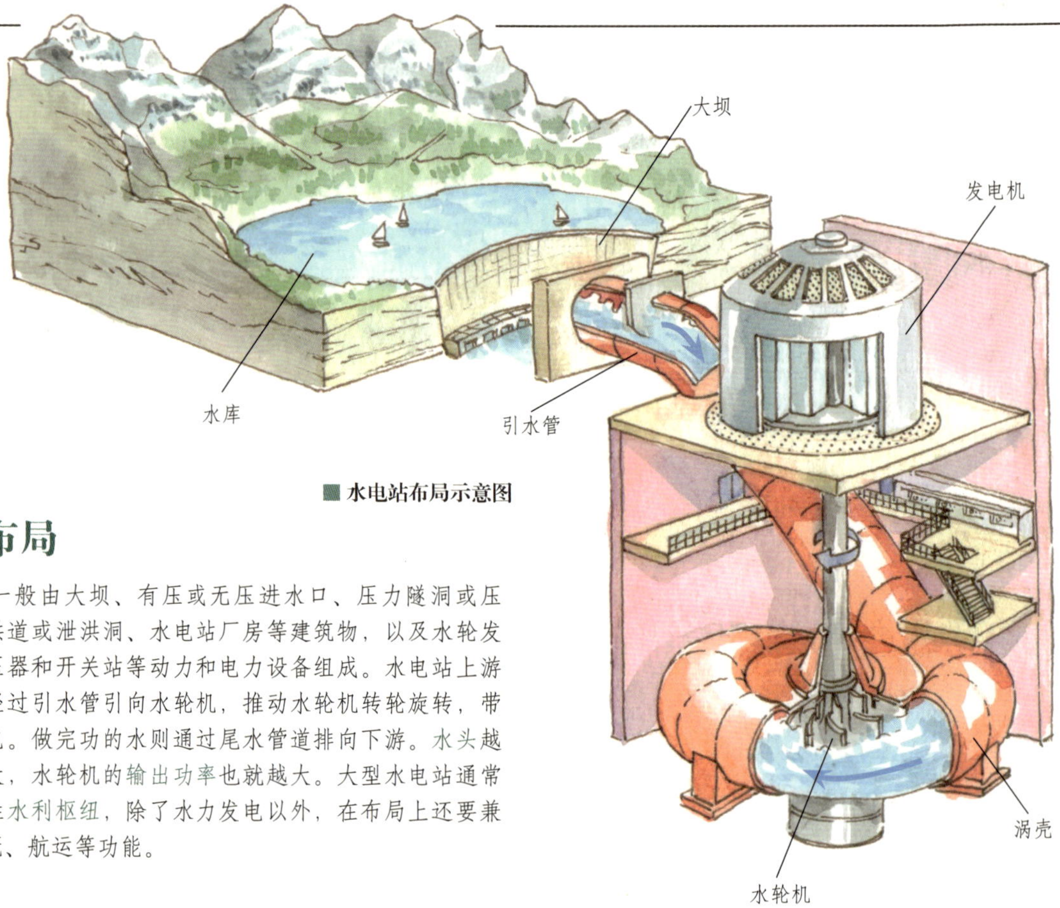

■ 水电站布局示意图

水电站布局

水电站一般由大坝、有压或无压进水口、压力隧洞或压力管道、溢洪道或泄洪洞、水电站厂房等建筑物，以及水轮发电机组、变压器和开关站等动力和电力设备组成。水电站上游水库中的水经过引水管引向水轮机，推动水轮机转轮旋转，带动发电机发电。做完功的水则通过尾水管道排向下游。水头越高、流量越大，水轮机的输出功率也就越大。大型水电站通常是一座综合性水利枢纽，除了水力发电以外，在布局上还要兼顾防洪、灌溉、航运等功能。

蜗壳和水轮机

水电站与核电站、火电厂的最大区别是动力来源不同。水电站的关键设备是控制水的势能的蜗壳和水轮机。蜗壳是蜗壳式引水室的简称，它的外形很像蜗牛壳。为保证向导水机构均匀供水，蜗壳的断面逐渐减小，可在导水机构前形成必要的环量以减轻导水机构的工作强度。水轮机是把水流的能量转换为旋转机械能的动力机械，它的叶片根据功能不同，有多种形状。

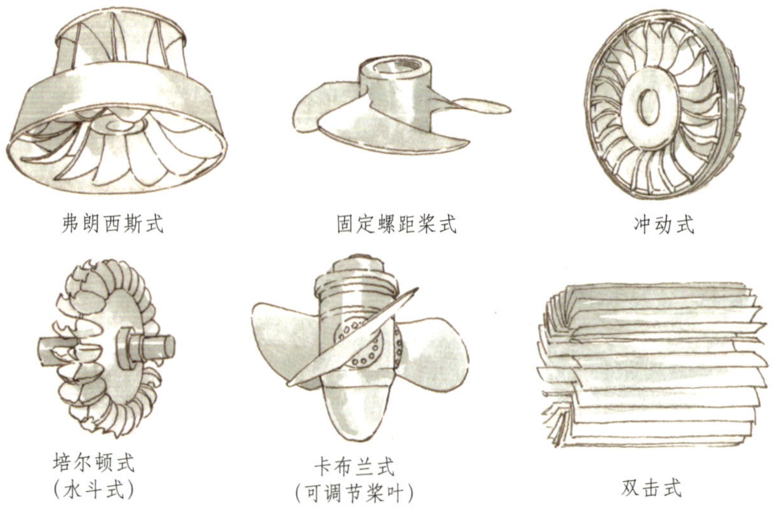

■ 水轮机叶片类型

■ 水轮机转子吊装

水轮发电机组

水轮发电机组也叫水力发电机组，是水轮机及与其配套的发电机联合而成的发电单元，安装结构有卧式、立式和贯流式。水轮发电机的主要作用就是将机械能转换成电能，从高水位流向低水位而具有势能的水流经过水轮机转换为机械能，进而推动发电机发电。除了水轮机和发电机两个部分，水力发电机组还包括调速器、励磁系统、冷却系统、电站控制设备和制动装置等。

■ 运行中的水轮发电机组

■ 夜幕中的三峡坝区

三峡水电站

三峡水电站位于中国湖北省宜昌市境内的长江西陵峡段，又叫长江三峡水利枢纽工程，1994年12月开工，到2012年7月投产。在三峡泄洪坝两侧底部的水电站厂房内共安装有32台70万千瓦和2台5万千瓦的水轮发电机组，总装机容量达到2250万千瓦。三峡水电站是目前世界最大的水电站。长江三峡水利枢纽工程共有十多种功能，主要以防洪、发电和航运为主。三峡水电站和下游的葛洲坝水电站构成了梯级电站。

核电站布局

核电站是核能发电厂（站）的简称，它的发电原理和火电厂基本相同。但燃料和蒸汽供应系统不同。布局上分成两大部分：核能系统及设备叫核岛，常规系统及设备叫常规岛。核岛中的核反应堆是核电站的关键设备，释放核能用以制造蒸汽的核裂变反应就在其中进行。一个核反应堆可以驱动多台汽轮发电机组。

■ 核电站布局示意图

■ 临海建设的核电站俯瞰图

核岛和核燃料

核电站的核心部分是核岛，它是核电站安全壳内的核反应堆及与反应堆有关的各个系统的统称。核岛的主要功能是利用核裂变能产生蒸汽。核电站对核燃料及有关部分设置了三道严密可靠的屏障。第一道屏障是堆芯包壳，由锆合金管或不锈钢管制成，核燃料芯密封于包壳内。第二道屏障是压力壳，即反应堆冷却剂压力边界。第三道屏障是安全壳，也叫反应堆厂房，它是一座顶部呈球面的预应力钢筋混凝土建筑物。这三道屏障都属于核电站的安全防护措施。

动力蒸汽

核电站用核反应堆来代替火电厂的锅炉，以核燃料在核反应堆中发生特殊形式的“燃烧”（受控核裂变）产生热量，使核能转变成热能来加热水产生动力蒸汽。冷却剂将反应堆中的热能带入蒸汽发生器，把热能传给水（工作介质），之后主循环泵再把冷却剂输送回反应堆供循环使用，这就是第一个回路。做过功的蒸汽在凝汽器内冷凝成凝结水，重新返回蒸汽发生器，这就是第二个循环回路，这一过程是热能转换为机械能的过程。蒸汽推动汽轮发电机组发出电能。

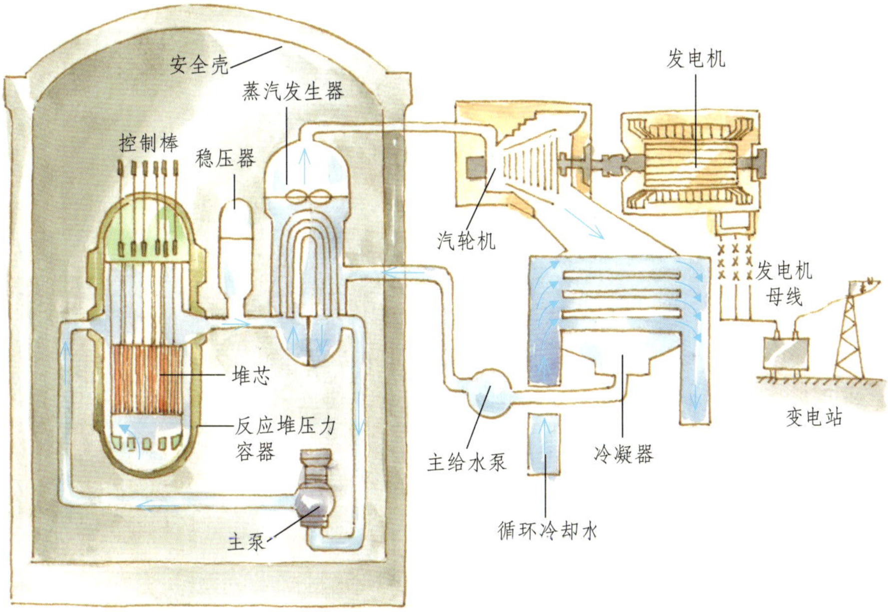

核电站工作原理示意图

秦山核电站

秦山核电站位于中国浙江省海盐县海滨的秦山，工程前后分三期，一期于1985年开工，1991年投运；三期于2003年建成。2015年，秦山核电站扩建项目方家山核电工程2号机组并网发电成功，秦山核电基地的9台机组全部投产发电，总装机容量达到了656.4万千瓦，年发电量约500亿千瓦·时。秦山核电站是中国自行设计、建造的第一座核电站，它的建成结束了中国大陆无核电的历史，实现了零的突破。

秦山核电站鸟瞰图

风力发电

风力发电的方式同水力发电和火力发电的方式很相似，第一步，类似把水体的势能通过水电站水轮机变成机械能或者把蒸汽的热能通过火电厂汽轮机变成机械能，风力发电先把风能通过风轮机变成机械能。第二步再通过发电机把机械能转换为电能。风力发电装置一般包括风轮机、发电机和塔架三个部分，家用小型风力发电机还会拥有尾舵，一般当风速达到3级时，风力发电机就可以发电了。

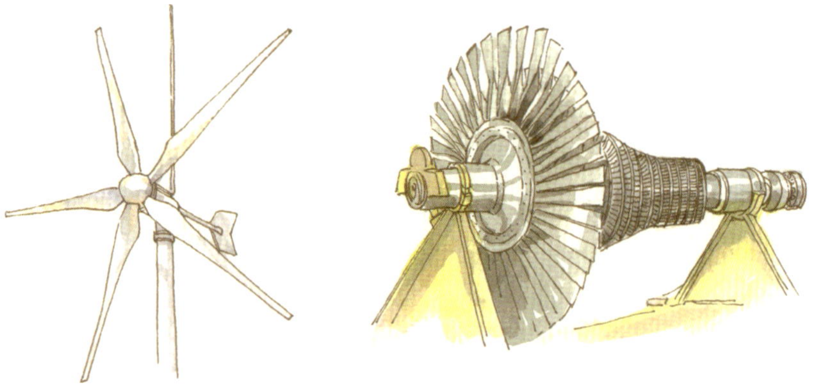

■ 风轮机、汽轮机转子外形比较

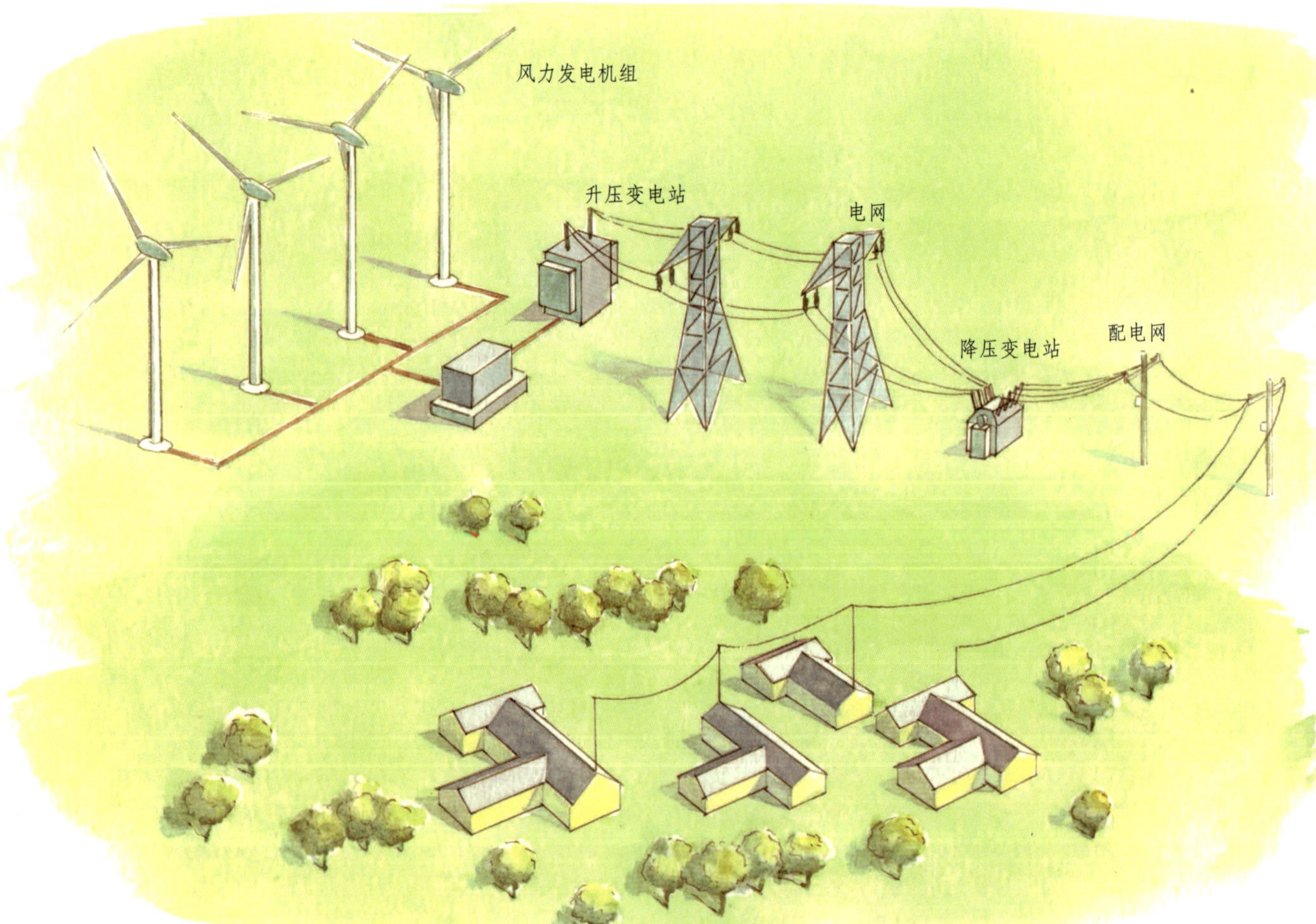

■ 风力发电系统示意图

风光互补发电

常见的风光互补发电系统是一种小型发电系统。它利用太阳能电池和风力发电机，将白天的光和夜晚的风转换为电能，存储在蓄电池中以备随时使用。它既可家用也可公用，不仅可以安装在城市居民的屋顶向单家独户供电，而且可以为山区、林区、牧区等偏远地带独立的甚至于流动的小型用户提供电能，还可以服务于港口、公路和铁路信号站、边防哨所、通信中继站、地质勘探和野外考察工作站。越来越多乡镇道路上的公共照明系统采用小型光电互补发电装置提供路灯用电。

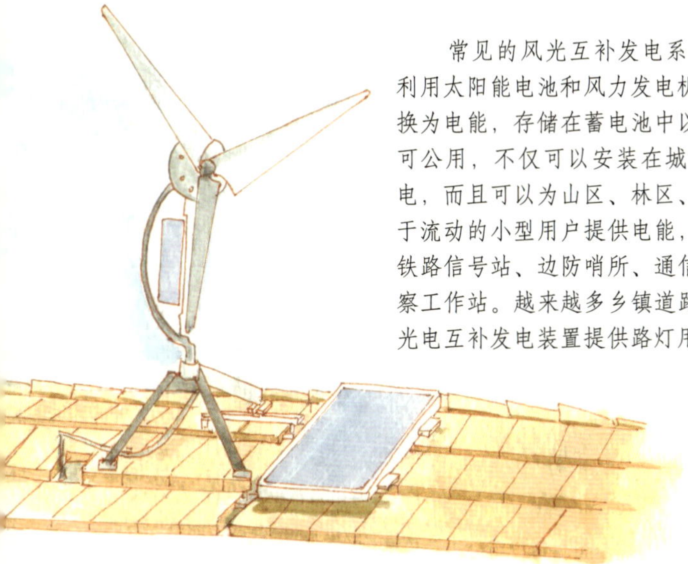

■ 安装在屋顶上的家用风光互补发电系统

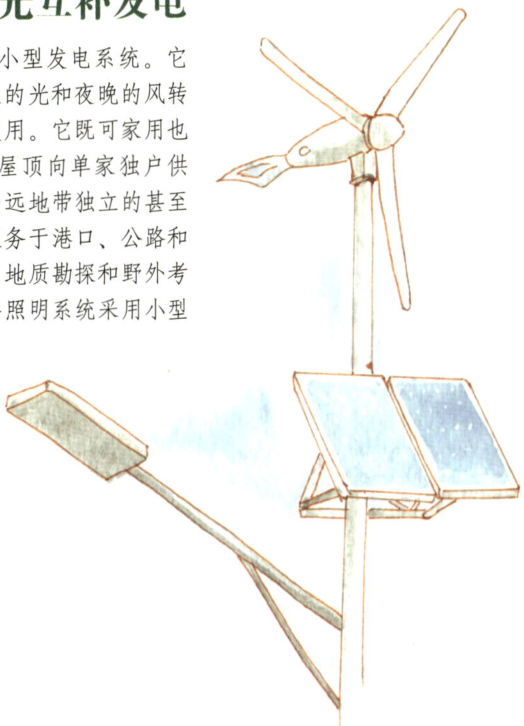

■ 安装在路灯上的小型风光互补发电系统

■ 国家风光储输示范工程的风力发电机

国家风光储输示范工程

2011年底，国家风光储输示范工程在中国河北省张北县大河乡投入运行，它集风力发电、光伏发电、储能系统、智能输电于一体，把难以预测、控制和调度的风能资源、太阳能的光资源以及具有储存能力的储能电站合为一体，通过一体化监控系统，在“平滑波动”和“削峰填谷”等运行模式间灵活切换，转化为优质可靠的绿色电能输入到电网中。国家风光储输示范工程是当时世界上规模最大的新能源综合性示范项目，是我国乃至全球新能源领域前沿探索和产业升级的风向标。该工程荣获第四届中国工业大奖。

太阳能发电

利用太阳能发电的方式主要有两种。第一种是太阳能光发电，这种直接把光能转变为电能发电方式包括光伏发电、光化学发电、光感应发电和光生物发电。太阳能光伏发电是当今世界太阳能发电的主流方式。第二种是太阳能热发电，这种方式把太阳能先转化为热能，再把热能转化成电能，转化的过程或者是通过汽轮机带动发电机发电，或者是利用半导体或金属材料的温差发电。太阳能热发电系统有碟式、槽式和塔式等形式。

■ 碟式太阳能热发电

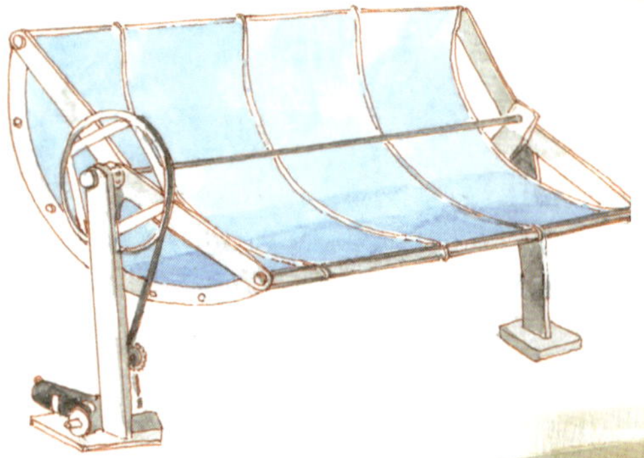

■ 槽式太阳能热发电装置

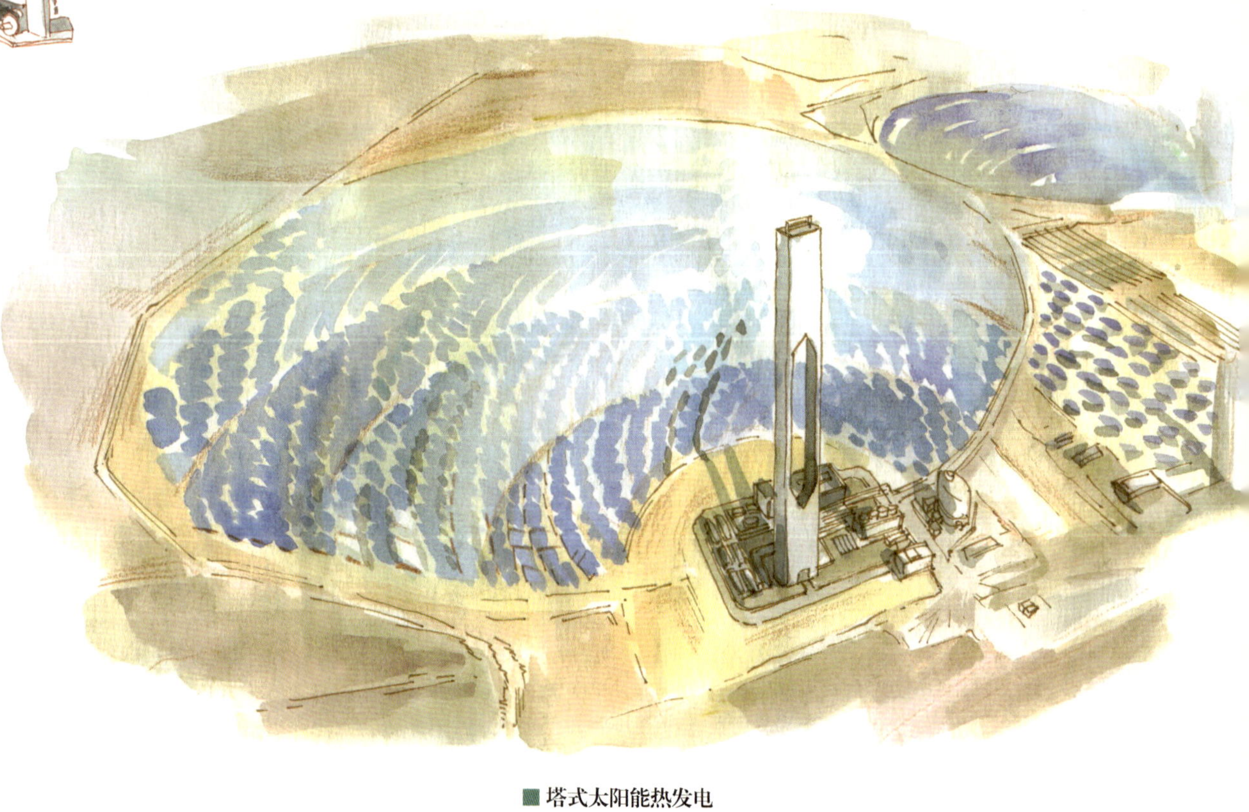

■ 塔式太阳能热发电

水光互补发电

“水光互补”一词中的“水”指水力发电，“光”指太阳能发电。这种发电系统由太阳能光伏发电和水力发电两套并行系统组成，当白天阳光照射强烈时采用太阳能光伏发电，停用或少用水力发电；当进入夜晚或白天没有阳光的时候，通过电网调度系统自动调节水力发电。这是一种利用太阳能光伏发电和水力发电取长补短的新型发电模式，仅仅是通过一片荒漠上的太阳能和一条大河的水能，就能实现两种发电系统的快速补偿。

■ 水光互补光伏电站

■ 光热电站的集热器

德令哈光热电站

德令哈光热电站是一座50万兆瓦光热示范电站。它位于中国青海省海西蒙古族藏族自治州德令哈市的戈壁滩上，占地2.46千米^2。电站包括太阳岛、热传及蒸汽发生系统、储热岛、发电岛四大部分。其中太阳岛集热器由25万片面积达62万米^{2}的反光镜、11万米长的真空集热管及其跟踪驱动装置等组成。大规模的反射镜阵列像向日葵一样跟踪太阳转动，把热量源源不断地收集起来，经过换热装置产生蒸汽，带动汽轮发电机产生电能。

潮汐发电

除了太阳能和风能以外，人类也开始利用海洋的潮汐发电。潮汐电站分为单库单向、单库双向和双库双向等类型。自从人类第一座潮汐发电站于1913年在德国北海海岸建立以来，潮汐能发电成为海洋能发电技术中最成熟和利用规模最大的一种，其中法国于1967年在圣马洛湾建立的郎斯潮汐电站和加拿大于1980年在芬迪湾建立的安纳波利斯罗亚尔潮汐电站至今都还在运行使用。江厦潮汐电站是中国第一座双向潮汐电站，第一台机组于1980年投产发电。

■ 加拿大安纳波利斯罗亚尔潮汐电站

生物质发电

使用生物质及其加工转化成的固体、液体、气体为燃料的热力发电技术就叫生物质发电。常见的生物质可以是秸秆、稻壳、木屑、沼气、垃圾、动物和人的粪便，也可以是有机废水、生物柴油、乙醇汽油等燃料。生物质发电通常包括生物质直接燃烧发电、生物质气化发电、垃圾焚烧发电、沼气发电、垃圾填埋气发电和生物质燃料电池发电等多种方式。生物质发电系统有一个比较特殊的组成部分叫生物质转换装置，包括燃烧用锅炉、沼气池、发酵罐和汽化炉等。

■ 利用生物质发电

地热发电

地热发电是将地下热能转换为电能的技术。它的动力源来自地下高温岩体热水和蒸汽。早在1913年，世界上第一座商用地热发电站在意大利拉德瑞罗投产运行，装机容量250千瓦。地热发电包括地热干蒸汽发电、地热湿蒸汽发电、地热双工质发电、地热全流发电和干热岩发电等多种方式，其中地热湿蒸汽发电是世界地热发电的主流方式。世界上有大约90个国家拥有可利用的地热资源，但开发和使用地热发电的只有少数国家。中国西藏地区地热资源丰富，位于这里的羊八井地热电站是中国第一座商业性地热电站。

■ 地热资源丰富的西藏自治区

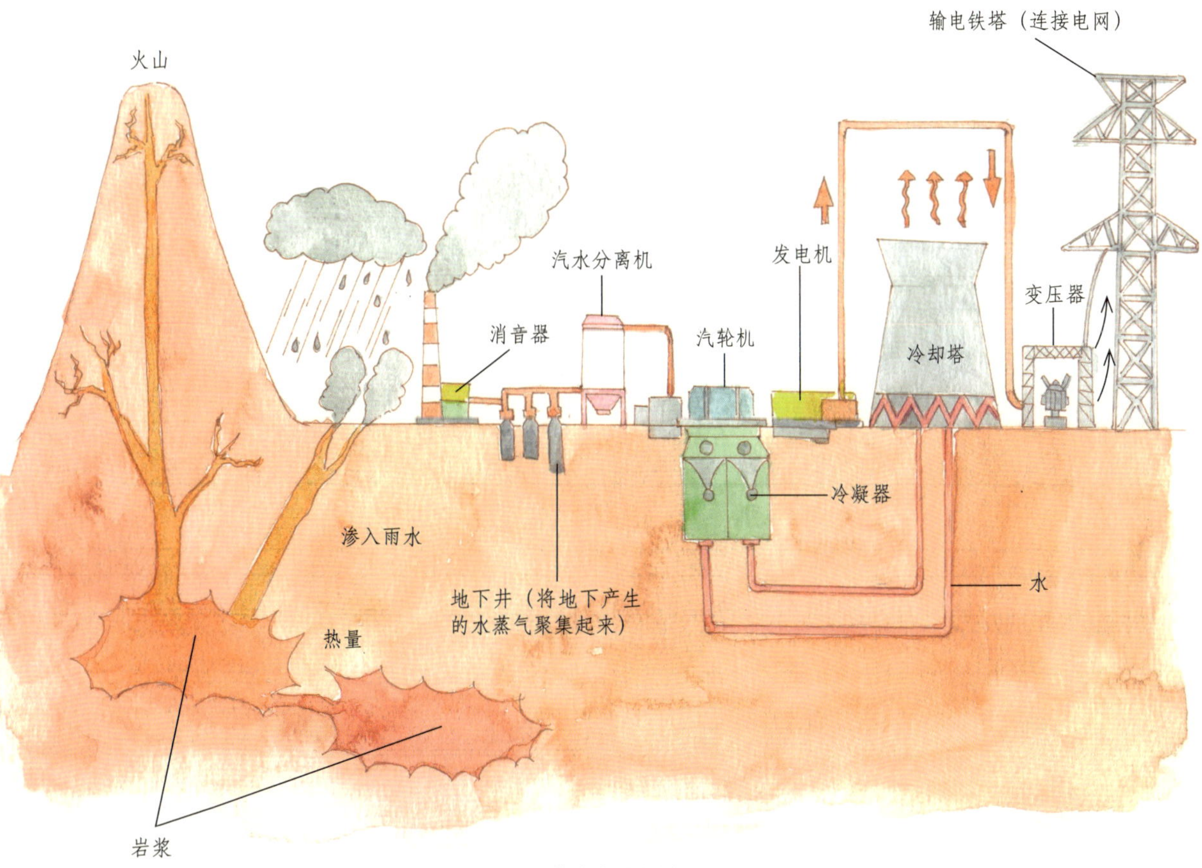

■ 地热发电示意图

电力的输送与分配

无论水电站还是火电站，一般都建在能源资源密集的地方，而这些地区往往远离经济发达、电力消费需求量大的负荷中心。有时候，电源和用户之间的距离甚至长达上千千米，这就需要通过输电技术将电力输送到负荷中心。据测算，中国有多达2.7亿千瓦电力需要跨越2000多千米输送到电力负荷中心。如何高效实现远距离输电，在保护生态环境的同时确保可靠供电，是电力输送必须解决的问题。

由发电厂、升压变电站、输电线路、降压变电站、配电线路、用户等组成了电力系统。电力系统中各种电压的变电站、输电线路及配电线路组成的整体称为电网。一百多年来，世界电力工业不断发展，电网也实现了一次次升级。电压等级的每一次跃升，见证了电网百余年来不断发展的光辉历程。中国是世界首个，也是唯一一个成功掌握并实际应用特高压输电这项尖端技术的国家，不仅实现了资源优化配置，而且使得经济发展更有活力。

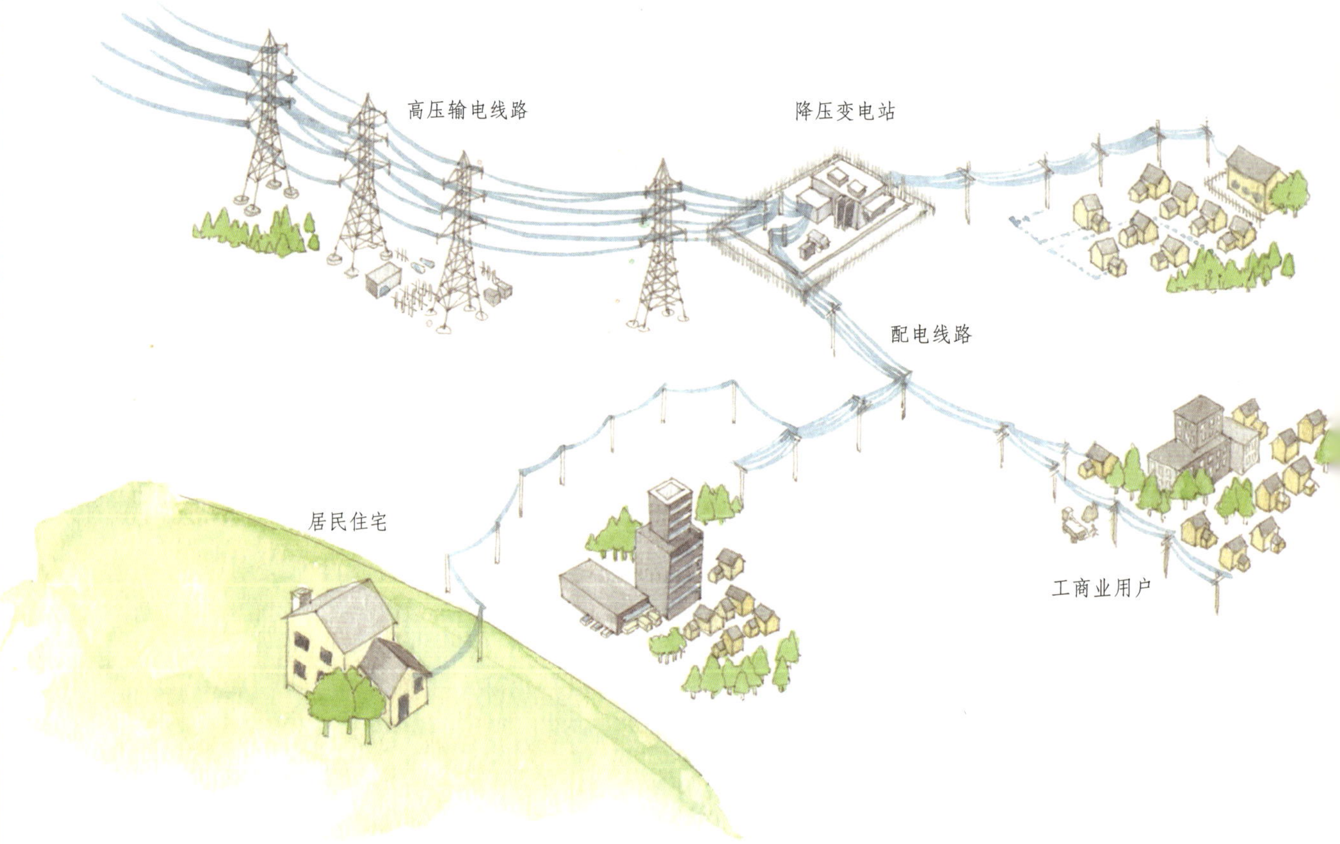

■电网示意图

电网

电网是一个相互联结的网络，它的作用是将电力从生产者输送给消费者。电网的任务是输送与分配电力，包括联结发电设施和需求中心的输电线路，以及分配电力到各个用户的配电线路等。发电设施的作用是将一次能源经发电装置转化为电能，因一次能源产地和环境条件限制，大规模发电设施一般远离用电负荷中心，需高压输电线路输送电能，输电线路通常为几百到几千千米，到达负荷中心后再由配电线路配送至用户。电力本身无法大量储存，电网还起到保持发电和用电平衡的作用。

电压等级

电压等级指的是电力系统及电力设备的额定电压级别系列。额定电压指电力系统及电力设备规定的正常工作电压。中国电压等级由低到高一般划分为：安全电压（通常36伏以下）、低压（220 伏和380伏）、高压（10～ 220千伏）、超高压（330～ 750千伏）、特高压（交流1000千伏、直流±800千伏以上）。

■ 交流1000千伏特高压北京东变电站

电气主接线

在发电厂和变电站，通常能看到电气主接线的图示，它通常是单线图，能够根据电能输送和分配的要求，表示主要电气设备相互之间的连接关系，以及变电站（或发电厂）与电力系统的电气连接关系。电气主接线中表示的主要电气设备有发电机、变压器、断路器、隔离开关、母线、避雷器等。

■ 电气主接线中常用的主要电气设备之一——变压器

高压交直流输电

为提高资源的配置效率，需要将远方的电厂与用电负荷中心相联。这就需要高电压、大电网输电系统。在中国，高压指的是10～220千伏；超高压指的是330～750千伏。特高压指1000千伏交流电压和±800千伏直流电压以上。中国葛州坝－上海±500千伏直流输电工程、官厅－兰州东750千伏输变电工程都是高压输电工程。

■ ±800千伏特高压直流输电工程

特高压交流输电

从20世纪60年代开始，苏联、美国、日本和意大利等国先后针对特高压交流输电项目进行基础性研究、实用技术研究和设备研制，取得了突破性的研究成果，制造出成套的特高压输电设备。苏联已建成额定电压1150千伏的交流输电线路1900多千米，并有900千米已经按设计电压运行，后因故障降压运行；日本已建成额定电压1000千伏的同杆双回输电线路426千米，但实际运行电压为500千伏。中国特高压输电技术目前处于世界领先地位，在世界上率先建立了由168项国家标准和行业标准组成的特高压输电技术标准体系，成功推动国际电工委员会成立特高压直流和交流输电技术委员会，秘书处均设在中国。

■ 1000千伏交流特高压单塔并架双回路输电

特高压直流输电

特高压直流输电的主要特点是输送容量大、输电距离远、电压等级高，可用于电力系统非同步联网。特高压直流输电最关键的是换流站，它将交流电升压再整流变换为高压直流电之后进行长距离输送，直接送到目的地，并通过逆变装置将直流电变换成交流电后，接入交流电网，配送至用户。中国已全面攻克±1100千伏特高压直流输电技术，完成了世界上电压等级最高、容量最大的全套直流设备研制和批量生产。

■特高压变电站进出线架构

■特高压变电站局部

电力电子技术

电力电子技术是一门新兴的应用于电力领域的电子技术，它由电力学、电子学和控制理论三个学科交叉形成，是使用电力电子器件（如晶闸管、绝缘栅双极晶体管、门极可断晶闸管等）对电能进行变换和控制的技术。例如，将交流电能变换成直流电能或将直流电能变换成交流电能；将工频电源变换为设备所需频率的电源；在正常交流电源中断时，用逆变器将蓄电池的直流电能变换成工频交流电能，利用太阳能电池将太阳辐射能转换成电能输出。

■ 电力电子技术在配电网控制中发挥作用

灵活交流输电

灵活交流输电也称柔性交流输电，它依靠应用大功率、高性能的电力电子元件制成可控的有功或无功电源以及电网的一次设备等，以实现对输电系统的电压、阻抗、相位角、功率、潮流等的灵活控制，将原基本不可控的电网变得可以全面控制，从而大大提高电力系统的灵活性、稳定性和现有输电线路的输送能力。

■ 灵活交流输电装置——串联补偿装置

柔性直流输电

柔性直流输电技术是一种以电压源换流器、自关断器件和脉宽调制技术为基础的新型输电技术。该技术具有可向无源网络供电、不会出现换相失败、换流站间无需通信以及易于构成多端直流系统等优点。柔性直流输电系统在结构上与高压直流输电类似，仍是由换流站和直流输电线路（通常为直流电缆）构成。柔性直流输电系统是构建智能电网的重要装备，在孤岛供电、城市配电网的增容改造、交流系统互联、大规模风电场并网等方面具有较强优势。

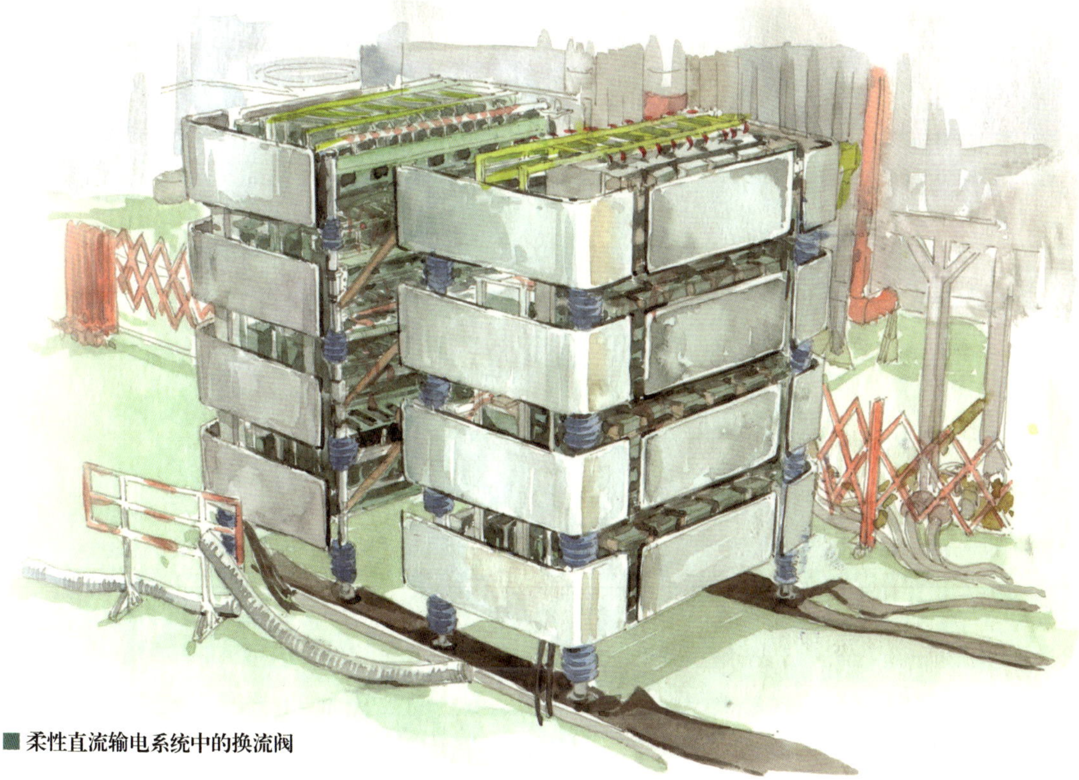

■ 柔性直流输电系统中的换流阀

交直流混联输电

交直流混联输电是同时采用交流输电线路和直流输电线路把电功率从一个交流电力系统传输到另一个交流电力系统的输电方式。其中，交流输电线路和直流输电线路的起点，可以在送端电网的同一地点，也可以在不同地点；其终点可以在受端电网的不同地点，也可以在同一地点。

■ 交直流混联输电线路

变电站

变电站是电网中用来变换电压、交换功率和汇集、分配电能的设施。变电站中主要有电力变压器、互感器、输电线路等设备，辅以补偿、控制、测量、信号、保护、通信和自动装置，以及相应的建、构筑物。变电站可分为升压变电站和降压变电站两种，升压是指将电能转换成高电压低电流形式，从而使得电能的远距离输送更加经济。降压是指将电能转换成低电压大电流形式，便于用户使用。

■ 500千伏变电站

电力变压器

变压器最早由法拉第提出，它利用电磁感应原理来变换交流电的电压和电流，将一种交流电压和电流变成频率相同的另一种或几种不同的电压和电流。电能从发电厂发出后，经过升压变压器转换成高电压形式进行输送，然后再经过降压变压器转换成低电压形式供配电网及用户使用，这样就能大大减小电能在输送过程中的损失，使得电能远距离输送更为经济。变压器的主要构件是一次绕组、二次绕组和铁芯（磁芯）。电力变压器按不同冷却方式可分为干式变压器和油浸式变压器。

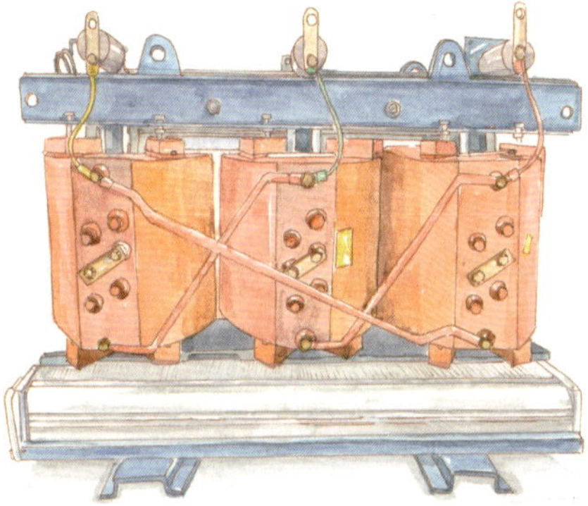

■ 干式变压器

■ 油浸式变压器

换流站

高压直流输电因其线路造价低、功率损耗小、输电距离远，近年来得到快速发展。换流站是指在高压直流输电系统中，为了完成将交流电变换为直流电或者将直流电变换为交流电的转换，并达到电力系统对于安全稳定及电能质量的要求而建立的站点。换流站的核心是换流装置，它由换流变压器和换流器组成。此外，换流站的主要设备还有控制调节系统、保护系统、平波电抗器、交流滤波器、直流滤波器、避雷器等。

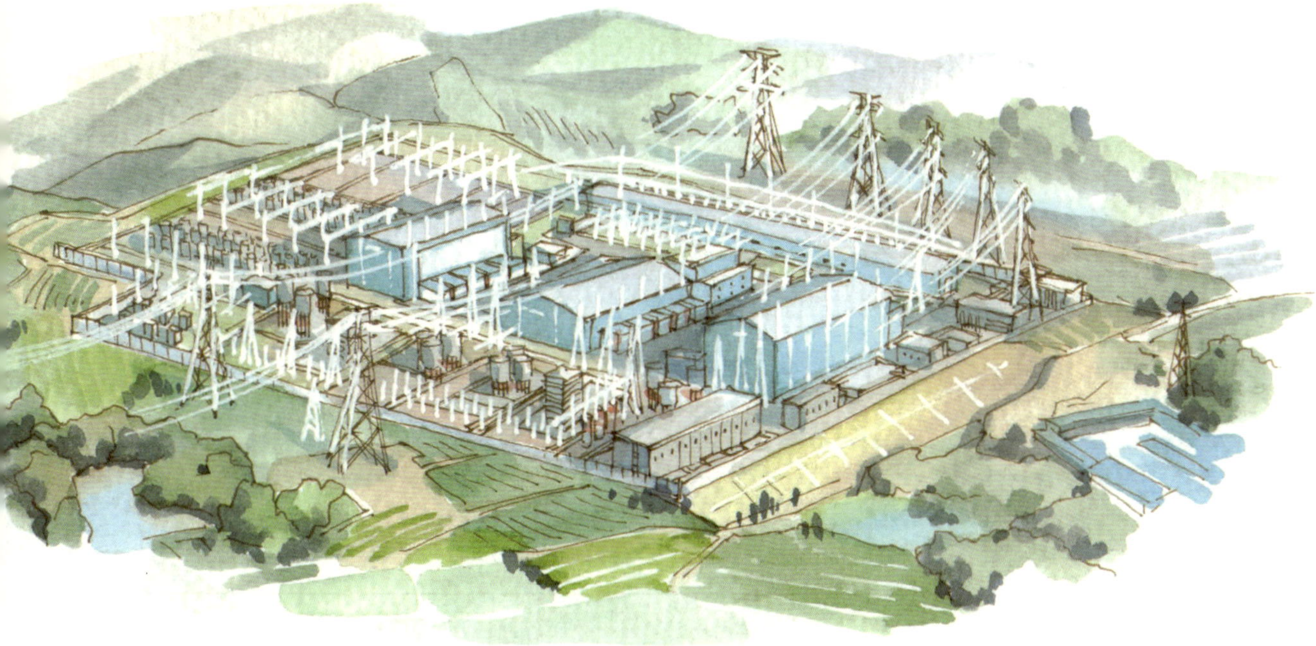

■ 特高压换流站

断路器

断路器是线路关合和开断的重要装置。普通家用低压断路器是一种结构简单的开关，它通过空气绝缘来断开线路。当电压很高时，断路器的结构及其控制系统就相当复杂了。柜式气体绝缘金属封闭断路器简称为C-GIS，它采用低气压的六氟化硫气体、氮气或混合气体作为开关设备的绝缘介质，采用真空或六氟化硫为灭弧介质，将母线、断路器、隔离开关等中压元件集中密闭在箱体中，具有体积小、质量轻、安全性好、可靠性高、能在恶劣环境条件下使用等优点。

■ 气体绝缘金属封闭断路器

杆塔

大地也是导体，输电线路只有悬空，远离地面才能输电，否则电流会扩散到大地中，无法输送电能。杆塔是支承架空输电线路导线和架空地线并使它们之间以及与大地之间保持一定距离的杆形或塔形构筑物，线路杆塔采用钢结构、木结构和钢筋混凝土结构。不带拉线的杆塔称为自立式杆塔，带拉线的杆塔称为拉线杆塔。一般输送电压等级越高，需要的杆塔高度（即塔高）越高，相应的两个杆塔间的距离（即档距）越大。当输电距离较远时，两个杆塔上悬挂的导线由于自重会形成轻微的下垂，呈现一定弧度。在平坦的地面上，相邻两基杆塔上导线悬挂高度相同时，导线最低点与两悬挂点间连线的垂直距离即弧垂。

■ 转角铁塔

架空输电线路

架空输电线路是指用绝缘子和杆塔将裸导线架设于空中的电力线路。与电力电缆线路相比，架空输电线路建设成本低、施工周期短、运行维护方便，是电力工业采用的主要输电方式。通常所称的输电线路就是指架空输电线路。通过不同电压等级的架空输电线路将不同地区的发电厂、变电站、负荷连接起来，输送或交换电能，构成电力网络。

■ 架空线路布线

线路吊装

要敷设输电线路，首先要将杆塔竖起。竖立杆塔可以用人力、机械或直升机吊装。输电线路人力展放采用数人肩扛导线沿线路行走自然铺放在地面上，导线通过放线滑车的牵引绳提升，再穿过放线滑车回到地面方式展放。机械牵引展放利用行走机械装载导线沿线路行走自然铺放在地面上，导线通过穿过放线滑车的牵引绳提升，再穿过放线滑车回到地面方式展放。现代也常常采用直升机、动力伞、无人机吊线到杆塔上，再安装输电线路。

■ 无人机牵引输电线路引线飞向塔顶

线路走廊

线路走廊是架空输电线路的路径所占用的土地面积和空间区域的总称，就像颐和园的长廊一样，是独立的一条走廊。导线安装在杆塔上实现电力传输，杆塔基础需占用土地。为了保证线路绝缘强度和避免对人身及地面建筑等物体的触电危险，以及防止静电场对导线及附近的人和环境造成生理和生态危害，对于高电压下的导线周围，还需保持必要的净空间区域。随着输电线路电压等级的提高，线路走廊的范围显著扩大。为了减少占地和降低成本，经常采用同杆架设多回路输电线路方式。

■ 伸向远方的线路走廊

导体和绝缘体

导体是一种物质，它的内部具有能在电场作用下定向移动的带电粒子，通常是电子或离子。在电工技术中，金属导体应用范围最广，最常用的金属导体是铜（Cu）和铝（Al）。在电场的作用下，导体因电阻率低而形成定向电流，而绝缘体因电阻率极高而无法形成有效电流。绝缘体在高温和高电压条件下可能被击穿，表现为导体。

■绝缘鞋、绝缘手套、绝缘胶带

导线

导线是指传输电能的金属线材，分为裸线、电磁线和绝缘线。没有绝缘层的称为裸线，它包括铜、铝线、架空绞线以及各种型材（如母线、铜排、铝排等），主要用于户外架空线路及室内汇流排和开关箱。电磁线是用于通电后产生磁场或在磁场中感应产生电流的绝缘导线，主要用于电动机和变压器绕组以及其他有关电磁设备，导体主要是铜线，覆有薄的绝缘层，有好的电气机械性能，以及耐热、防潮、耐溶剂等性能。绝缘线是裹了一层绝缘材料的导线，在日常生活中非常常见。

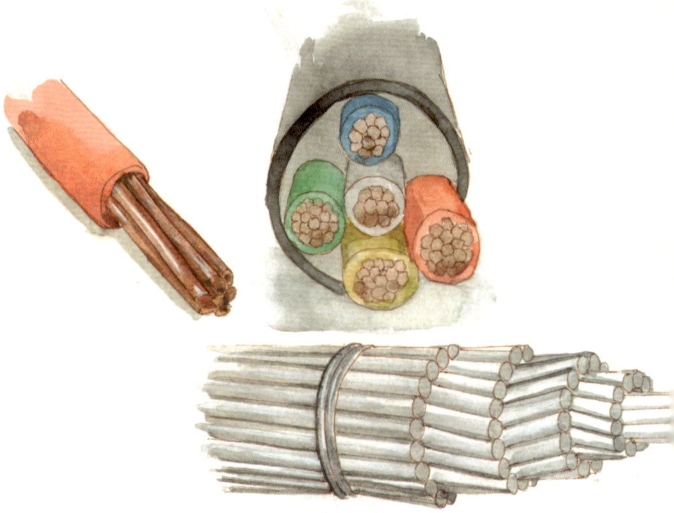

■绝缘导线、电缆、输电导线

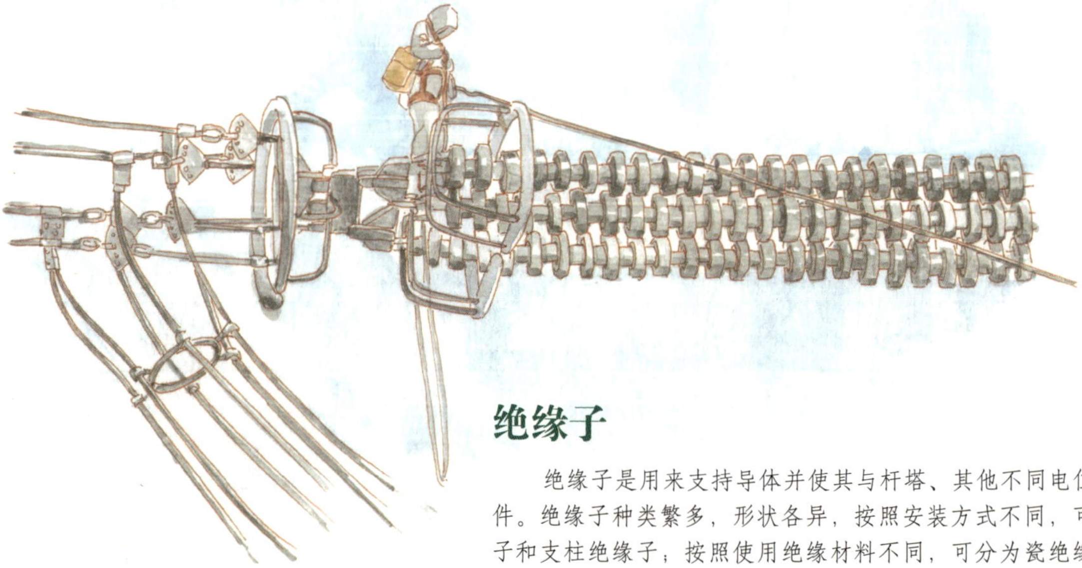

■高压导线与绝缘子

绝缘子

绝缘子是用来支持导体并使其与杆塔、其他不同电位导体绝缘的器件。绝缘子种类繁多，形状各异，按照安装方式不同，可分为悬式绝缘子和支柱绝缘子；按照使用绝缘材料不同，可分为瓷绝缘子、玻璃绝缘子和复合绝缘子（也称合成绝缘子）；按照使用电压等级不同，可分为低压绝缘子和高压绝缘子，等等。其中，悬式绝缘子广泛应用于高压架空输电线路，我们在铁塔上见到的绝缘子串通常就是它。

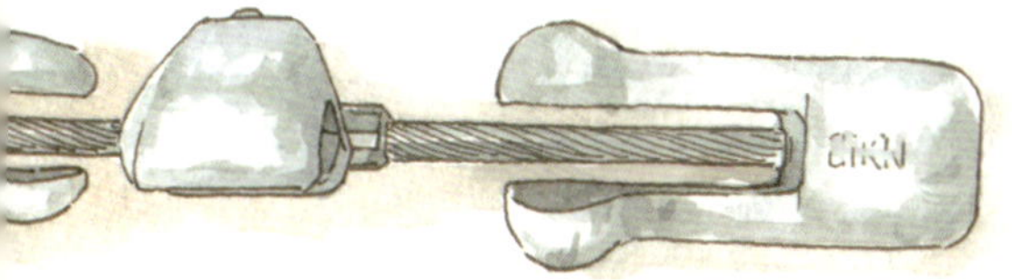

■ 防振锤

金具

金具在架空电力线路中具有非常重要的作用，主要用于支持、固定和接续导线及绝缘子连接成串，也用于保护导线和绝缘子。在高压架空线路上，靠近绝缘子两侧的导线上常挂一个小锤，这种小锤叫防振锤，它是为了减少导线因风力引起振动而设计安装的，能够延长导线的使用寿命。输电杆塔上经常会有鸟儿筑巢，鸟在上面打斗或排便，会导致线路故障而停电。因此需要安装防止鸟儿逗留或作巢的装置——防鸟刺。

电气防雷

就像现代化城市的高楼大厦上装有避雷针等防雷装置一样，为了保证电力设备和线路免受雷击造成损失，电力系统中也常采用避雷器、避雷线等电气防雷装置进行预防。输电线路跨越广阔的地域，容易遭受雷击而引起事故。避雷线通常架设在输电线路上方，当线路遭受雷击时，它能引导雷击电流进入大地，减少对输电线路的破坏。避雷器往往与被保护设备就近并联安装，它在正常情况下不导通或仅流过微安级别的电流，当设备遭受雷击时，达到避雷器动作电压，避雷器导通大电流，对设备进行保护。避雷线和避雷器都是电力系统防灾减灾的重要技术措施。

■ 装有避雷线的电力铁塔

■ 装有避雷针的城市建筑物

电缆线路

由一根或多根电线并排或捆扎，附以绝缘和屏蔽层成为电缆，用来输送电流。电缆可以连接两个或多个设备，让电力或电信号从一个设备传送到另一个设备。电缆的用途非常广泛，可按需求制作，满足不同敷设条件，如地埋、海底等。电力电缆，特别是高压电缆用于交流和直流电力的大容量传输。电缆广泛应用于建筑物内永久性安装的照明、电源和控制电路的布线中。由于所需的所有线路导体都可以一次安装在电缆中，因此与某些其他接线方法相比，这种综合性多功能电缆安装节省了人工。

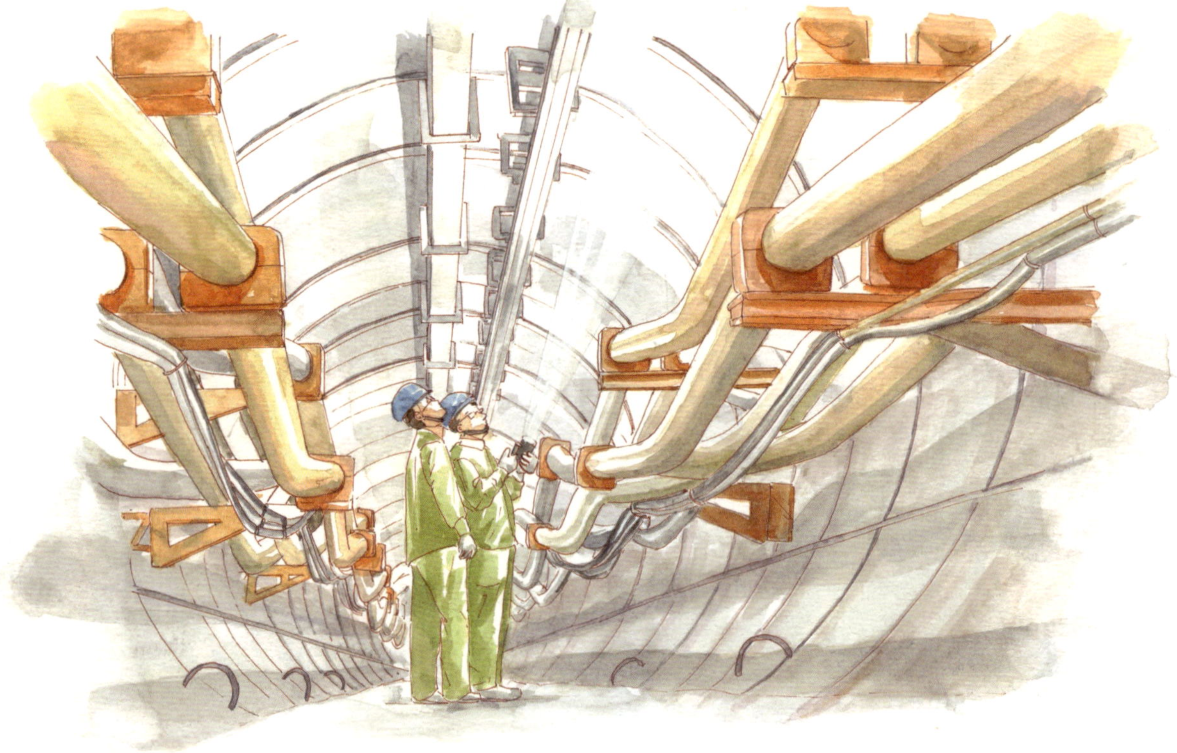

■ 工作人员巡视电缆隧道

电缆安装

电缆安装是指依据电缆设计要求，将电缆从制造厂提运到施工地点，再按照工艺规定敷设安装直至能送电的工作。电缆安装是一项集合群体劳动，通常分成敷设、接头和试验三类工种，各工种各司其职，并密切配合。电缆安装一般包括电缆验收、电缆运输、土建工程、电缆敷设、电缆附件、电缆试验等六项内容。通常用到的安装机具有电缆敷设机具和电缆附件安装机具。

■ 工作人员安装电缆

地下输电与水下管廊输电

1879年，美国发明家爱迪生在铜棒上包绕黄麻并将其穿入铁管内，然后填充沥青混合物制成电缆，将其敷设于纽约，开创了地下输电。后来出现了水下管廊输电。苏通GIL综合管廊工程输电线路就是在江苏南通苏通大桥上游的水下穿越长江，采用隧道中铺设气体绝缘金属封闭输电线路过江方案，工程起于北岸（南通）引接站，采用敷设于管廊（隧道）中的两回（6相）1000千伏GIL管线穿越长江，止于南岸（苏州）引接站。工程建成后，淮南—南京—上海工程将与已投运的淮南—皖南—上海特高压交流工程合环运行，形成贯穿安徽、江苏、浙江、上海负荷中心的华东1000千伏特高压交流环网。

■ 水下管廊示意图

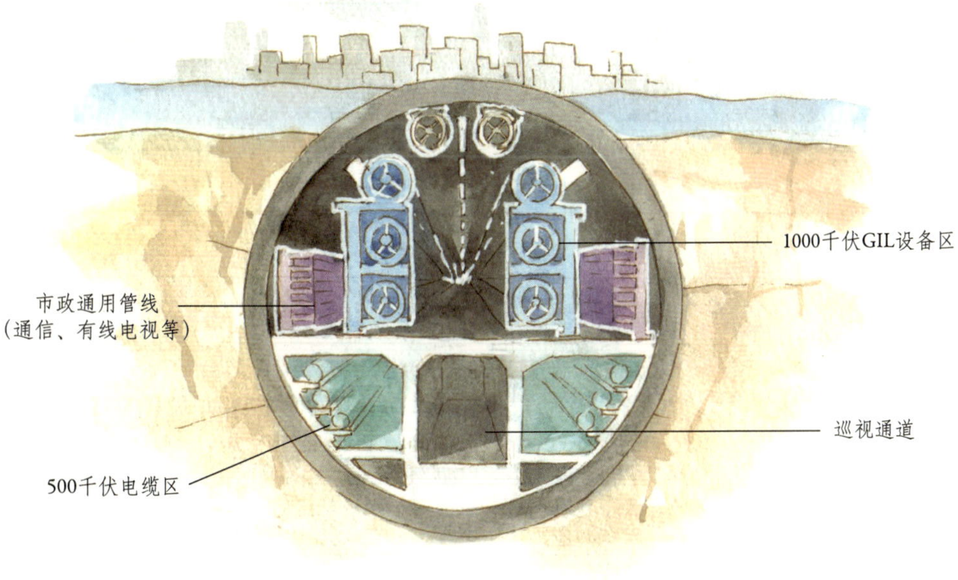

■ 苏通水下管廊（直径11.6米）断面示意图

葛上直流输电工程

为了实现中国华中、华东两大区间联网和发展直流输电技术储备的需要，中国国家计划委员会于1984年2月正式批准建设葛洲坝至上海±500千伏直流输电工程，并将其列为国家“七五”计划的重点项目之一。工程起于葛洲坝换流站，止于上海南桥换流站，经过湖北、安徽、浙江、江苏、上海五省（直辖市），线路全长1045千米，最终送电容量120万千瓦。工程于1990年建成投运，总投资为9.26亿元。葛上直流输电工程是中国引进技术设备建设的第一个±500千伏直流超高压输变电工程。

■ 长江大跨越

舟山跨海输电工程

2019年1月15日，浙江舟山500千伏联网输变电工程投运。该工程新建的两座380米输电高塔，采用同塔混压四回线路，打破了输电铁塔高度、质量等10项世界纪录。工程敷设的世界首条500千伏交联聚乙烯海缆为中国自主研发生产，其应用解除了中国对500千伏进口海缆的依赖。海缆施工应用的施工船“启帆9号”是中国独立设计生产的海底电缆施工船。新建成的威远变电站是中国首座建设在海洋滩涂上的500千伏变电站。一系列重大突破表明，中国掌握了先进的跨海输电技术。

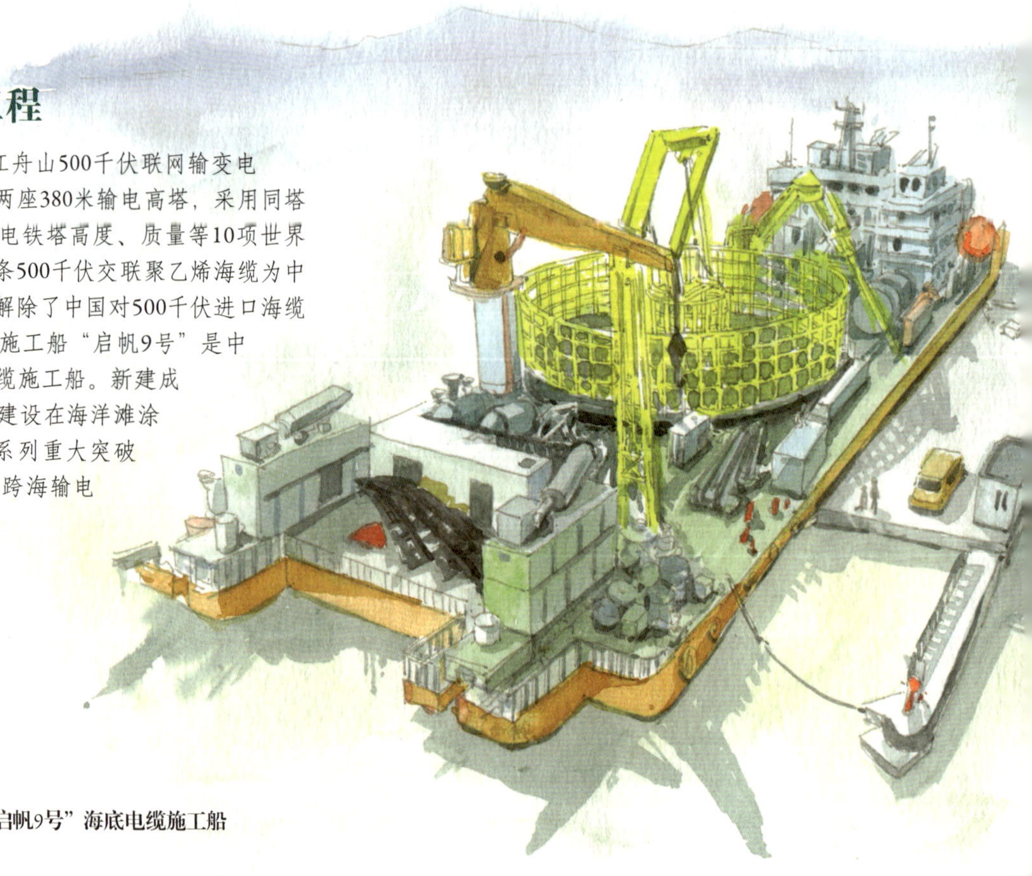

■ “启帆9号”海底电缆施工船

淮上特高压交流输电工程

淮上1000千伏特高压交流输电工程起于安徽淮南变电站，经安徽淮南变电站、浙江浙北变电站，止于上海沪西变电站。该工程输电能力达1000万千瓦，工程总投资为192亿元。该工程的建设，让受端上海、浙江地区新增受电能力600万千瓦，新增受电量240亿千瓦·时，可大量节省煤炭消耗。淮上特高压交流输电工程的成功建设和运行，是世界电力发展史上的重要里程碑，也是中国继晋东南—南阳—荆门特高压交流示范工程之后在国际高压输电领域取得的又一重大创新成果。

■ 淮上1000千伏特高压交流输电工程

■ 舟山跨海输电工程高塔群架线

西电东送

西电东送是中国西部大开发的重点工程，指的是把煤炭、水能资源丰富的西部省区的能源转化成电力资源，输送到电力紧缺的东部沿海地区。西电东送包括北、中、南三条送电线路：北线由内蒙古、陕西等省区向华北电网输电；中线由四川、重庆等省市向华中电网、华东电网输电；南线由云南、贵州、广西等省区向华南输电。西电东送有利于西部能源资源优势转化为经济优势，减轻环境和运输压力，对于合理配置资源、优化能源结构、促进经济可持续发展意义重大。

■ 西电东送工程的输电线路

吉泉特高压直流输电工程

吉泉特高压直流输电工程指的是昌吉—古泉±1100千伏特高压直流输电工程。这是世界上首个电压等级最高、输送容量最大、输送距离最远、技术最先进的直流输电工程，是继哈密南—郑州±800千伏特高压直流输电工程后，中国实施“疆电外送”战略的第二条特高压输电工程。工程电压等级为±1100千伏，额定输送容量1200万千瓦，线路全长3324千米。工程起于新疆昌吉换流站，止于安徽古泉换流站，途径新疆、甘肃、宁夏、陕西、河南和安徽6个省（自治区）。工程投运后，每年可向华东地区输送电量660亿千瓦·时，减少煤炭运输3024万吨。

■ 吉泉特高压直流输电工程

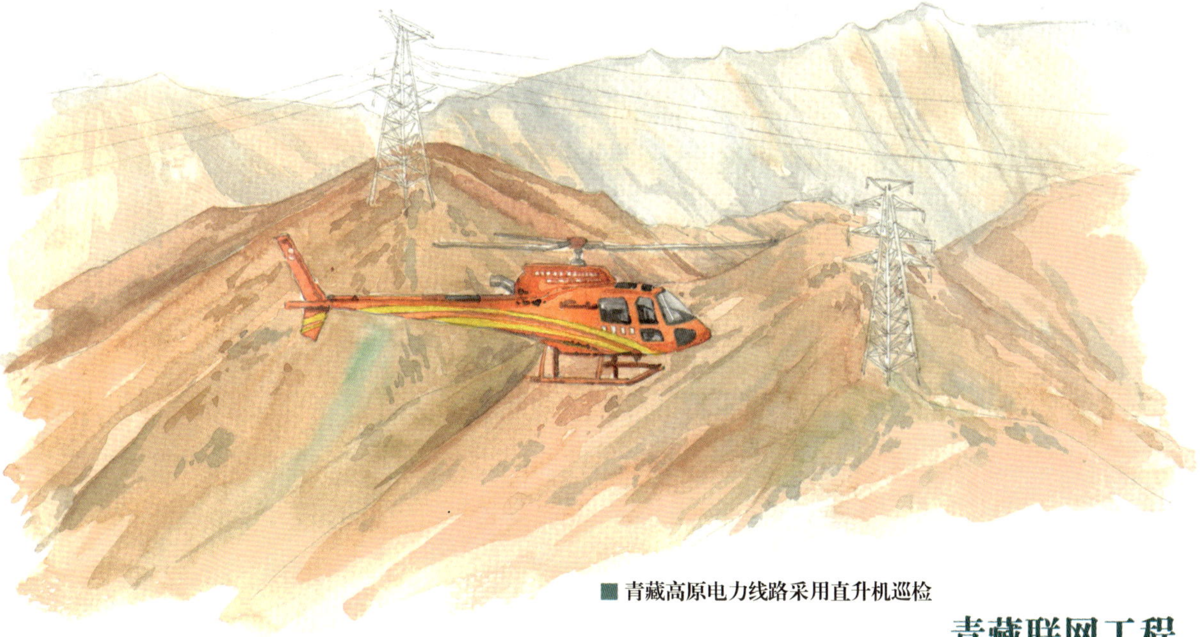

■ 青藏高原电力线路采用直升机巡检

青藏联网工程

青藏联网工程指的是西宁—日月山—海西—柴达木750千伏输变电工程（包括：新建750千伏日月山变电站、海西开关站、柴达木变电站及相应的配套扩建工程，变电容量420万千伏安，线路1492千米）和柴达木—拉萨±400千伏直流输电工程（包括：新建柴达木换流站、拉萨换流站，直流线路1038千米，输送容量60万千瓦）。青藏联网工程沿线平均海拔4500米，最高海拔5300米，海拔4000米以上地区超过900千米。该工程解决了西藏的缺电问题，有助于进一步优化青海能源资源配置，支撑青海柴达木循环经济试验区快速发展。

■ 架设在青藏高原上的输电线路

配电网

配电网是指从输电网或地区发电厂接受电能，由架空线路、电缆、杆塔、配电变压器、隔离开关、无功补偿装置以及一些附属设施等组成的网络，它在电力网中起到电能分配的作用。配电线路是指从降压变电站把电力送到配电变压器或将配电变电站的电力送到用电单位的线路。电压在3.6～40.5千伏的配电线路被称为高压配电线路；交流不超过1千伏、直流不超过1.5千伏电压的配电线路被称为低压配电线路。对配电线路的建设来说，安全可靠、保持供电连续性、减少线路损失、提高输电效率、保证供电质量都是需要满足的要求。

■ 低压配电线路

■ 箱式变电站

箱式变电站

为了替代直接杆上裸露布置、既不美观也不安全的变压器，人们将电力变压器和高、低压配电装置等组合在一个或几个柜体内，形成可以整体吊装运输的箱式变电站。箱式变电站的电压等级一般都为10/0.4千伏。它具有结构紧凑、外观整洁、移动安装方便、维护量小及节省占地等优点。箱式变电站的箱体造型和颜色通常还具有美化环境的作用，在城市配电网建设中被广泛采用。

配电箱

为了安全、合理地使用电能，电力入户后往往需要安装一个家用低压配电箱。配电箱里装有隔离开关或者带过流保护功能的开关作为总开关，还有照明、厨房、卫生间、空调、插座等分控制开关，并安装漏电保护器。在选择配电箱中的总开关时，要根据入户电线的参数选择，配电箱内的回路数可根据房间数量、面积和家用电器的种类数来选择。

施工现场临时用电要求分别设置动力配电箱与照明配电箱，如合在同一配电箱内，动力和照明线路应分路设置，照明线路接线应安在动力开关的上侧。

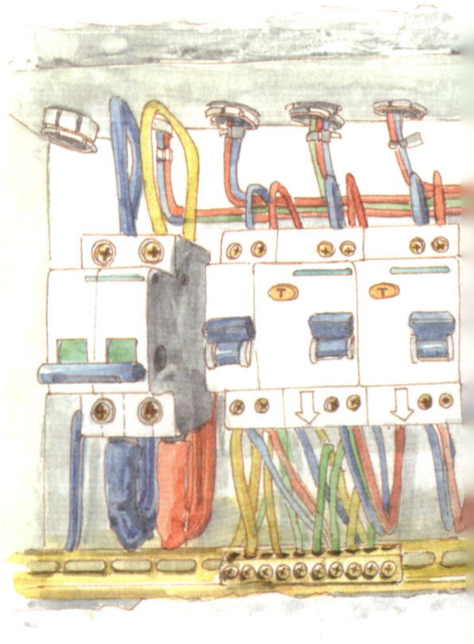

■ 家用配电箱

应急电源

电能是一种广泛使用的能源，不同的行业、不同的使用场所与对象、不同的使用目的，对供电可靠性要求的程度各不相同。当某些对供电可靠性要求极高的场所，如煤矿、医院、信息系统等处于突然停电状态时，为了保证安全或处置不能停止的工作，需要有独立电源向用电设备供电，应急电源就是其中的一种电源。常用的应急电源包括EPS应急电源、UPS不间断电源、自备应急柴油发电机组、有自动投入装置的独立于正常电源的专用馈电线路、自备应急燃气轮发电机组等。

■ 奥运会保电现场的应急电源

■ 可用于应急发电的柴油发电机组

同网共济

现代文明的标志之一是电力的广泛应用。由于电力的生产与消费同时进行，几千个电厂、几亿个用户都在电网之中，电网的调度就如同乐队的指挥一样，是电网协调运行的关键。如果突然发生大面积停电事故，人们的生活、工作、社会秩序，甚至生命就会受到巨大威胁，解决的办法就是先将电网解列，再逐步恢复。如何在一个电力系统中保证用户参与、节约用电、可靠供电；如何避免输电线路受到风灾、雷击、覆冰、人为损坏，避免电磁干扰对电力自动化的影响，保证人身和设备安全，已经成为电力系统安全运行的一个重要课题。与此同时，智能电网、微电网、智能巡检、人工智能等技术的不断发展，也给电力系统发电、输电、变电、配电和用电各环节的更高效、更方便、更安全提供了一个“同网共济”的整体保证。

■电力调度控制中心

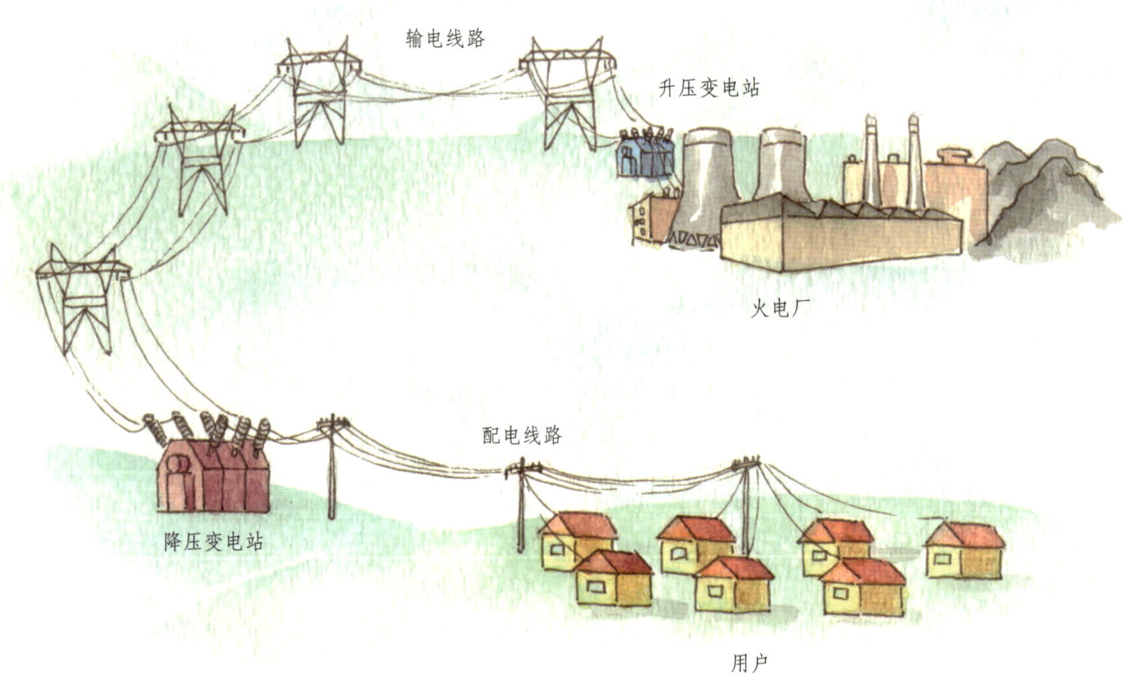

■电力系统示意图

电网运行

支撑电能从生产到输送这一过程的是一个庞大的电网运行系统，这一系统包括发电、变电、输电、配电和用电等环节。大多数的电厂分布在不同地区，但电能的生产、输送、分配和消费需要在同一电网、同一时间内组成一个有机整体，因此电能的生产与消费必须时刻保持平衡。电力系统需要在各个环节和不同层次设置相应的信息与控制系统，以便对电能的生产和输送进行测量、调节、控制、保护、通信和调度，这样电网才能有序运行、可靠供电。

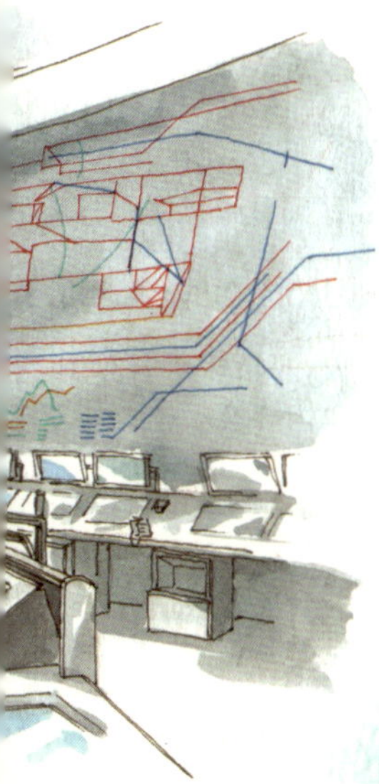

电网调度

电网的正常调整、经济运行、安全控制、事故预防和处理等都需要统一的调度指挥系统来实现。一个电网包括成百上千座火电厂、水电站、风电场、光伏电站，它们所发出的电力都要在统一的电网中进行统筹，允许谁发电、发电量多少、夏季水电多发、晚上工业用电量少、多余的电能要通过抽水蓄能电站进行储存……这些都离不开电网的调度。电网调度的作用是保证电力系统安全、可靠、经济运行，各种调度装置自动化程度高、操作方便快捷、响应及时。

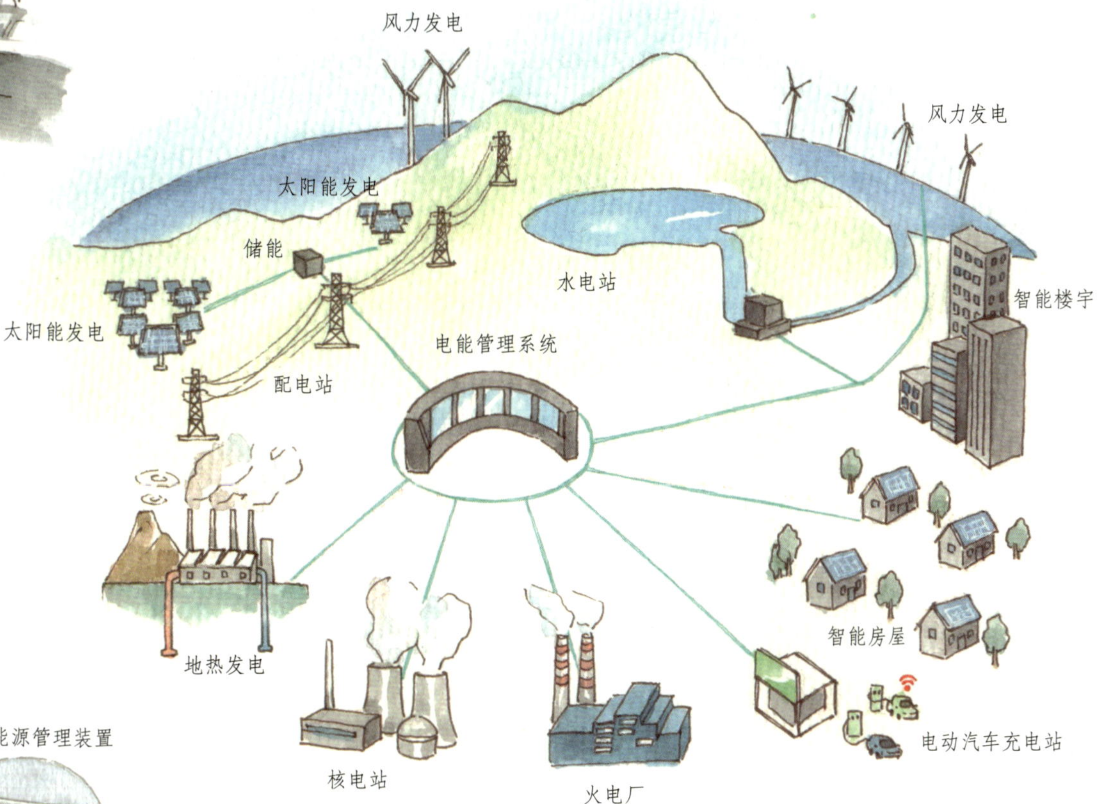

■ 智能电网示意图

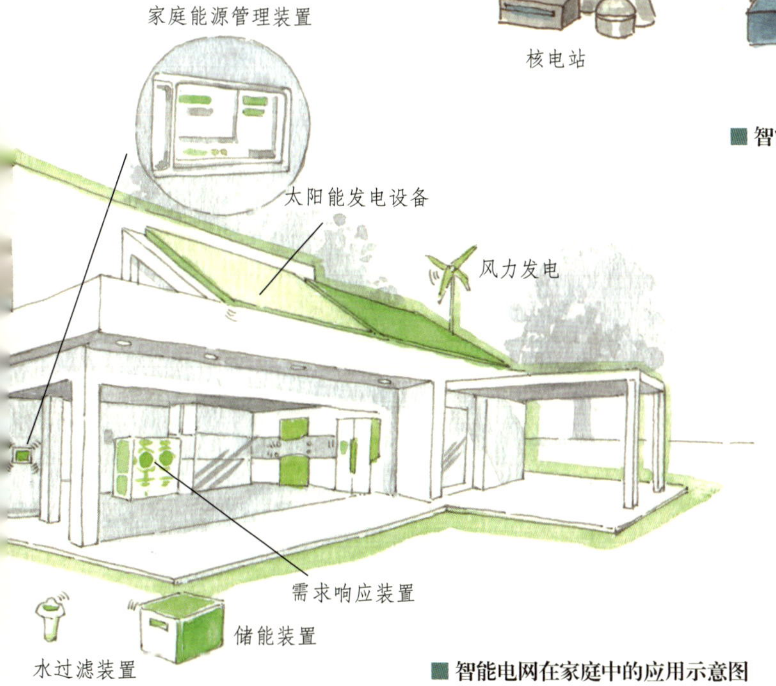

■ 智能电网在家庭中的应用示意图

智能电网

智能电网是将传感测量、信息通信、计算机监控等技术与物理电网高度集成而形成的电力系统。智能电网能实现发电厂和分布式电源、高电压网络、储能装置、智能用电等的有机连接，实现能量流和信息流的双向流动，实现发电、输电、变电、配电、用电和服务的全方位监控、保护和优化调度，保证高效、优质、经济、可持续的电力供应。通过智能电网，消费者能参与电力市场竞价，能及时从故障和自然灾害状态下恢复电力供应，能储存一部分电力和能量，还能及时了解到新产品、服务和市场信息。

分布式发电

利用电力负荷用户附近各种分散存在的能源产生电能，这种发电方式叫做分布式发电。分散的能源包括可再生能源（太阳能、生物质能、风能、水能、海洋能等）和本地可方便获取的化石燃料（如天然气）。小型分布式发电系统容量通常在几百千瓦以内，大型的分布式发电系统容量可达兆瓦级，所发出的电力除了供用户就地使用之外，还可以接入电网。分布式发电的主要特点是清洁、低污染，此外还具有经济、灵活等优点。

■ 安装在屋顶上的分布式电源

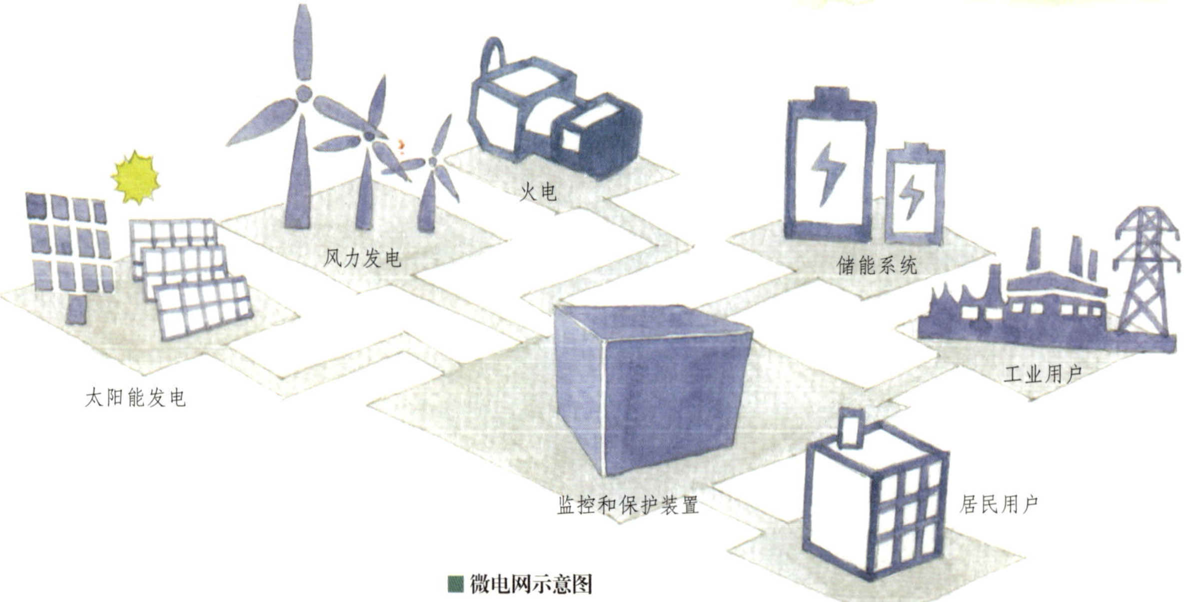

■ 微电网示意图

微电网

微电网是指由分布式电源、储能系统、能量转换装置、监控和保护装置、负荷等汇集而成的小型发电、配电、用电系统，也称微网。微电网具备完整的发电和配电功能，是一个能够实现自我控制、自我保护和能量管理的自治系统。在有些情况下，微电网在满足用户电能需求的同时，还可以满足用户的热能需求。微电网中的电源多为容量较小的分布式电源，即含有电力电子接口的小型机组，包括微型燃气轮机、燃料电池、光伏电池、小型风力发电机组以及超级电容、飞轮及蓄电池等储能装置，它们接在用户侧，具有成本低、电压低以及污染小等特点。

■ 机器人在变电站巡检

智能检修

随着输电线路的不断扩大，仅靠人力开展电力“公路”的巡检方式已经不能满足需求。架空线路跨越高山大河，电力电缆穿过海底或城市电缆通道，其运行状况、气象条件、通道状况等靠人力巡检是很困难的。人们可采用红外检测技术、人工智能技术等，使用无人机或智能机器人来实现数据采集与分析，达到全面掌握电网运行数据甚至智能化处理的目的。例如，无人机巡检普遍用于地址复杂线路或跨越公路、铁路、江河、隧道口的重要线路，能大大提高效率、减少盲区，保障人员安全。

■ 无人机巡检输电线路

电网安全

世界上因自然灾害、人为因素、电网设备故障等导致电网受到破坏的事例屡见不鲜，电网安全问题引起世界各国的高度重视，各国纷纷采取有针对性的措施加以解决。例如，大面积停电事故的解决措施之一是电网解列，即当电力系统受到干扰，稳定性遭到破坏，发电机和电力系统其他部分之间、系统的一部分和系统其他部分之间失去同步并无法恢复同步时，可将它们之间的电联系切断，分解成相互独立、互不联系的部分，以防止事故扩大造成严重后果。

■ 大停电后借助蜡烛照明的人们

■ 大风灾害后抢修输电线路

大风灾害

大风对输电线路的影响非常巨大，是造成架空线路故障的自然灾害中最为严重的一种。由于大风的出现概率较高、影响范围较广，每年都会有不同程度的故障发生，造成的损失是多方面的，甚至是不可估量的。架空线路常年暴露，因其自身的结构和运行特点，遇到大风最常出现的是线路断股现象。特别是大跨越架空输电线路，一旦遇到台风，实际风速超过线路抗风设计标准，可能发生导线舞动，甚至使杆塔无法承受荷载，导致断线、倒塔、中断供电等严重后果。

雷击灾害

有别于树木遭受雷击后有着火被烧的痕迹，输电线路由于是金属导体，通常不易看到明显的雷击痕迹，但雷击对输电线路安全的影响却是巨大的。发生雷电时，大量电荷汇入导线，引起电压大幅上升，使输电线路遭受雷击的几率增大。有三种情况会引起输电线路电压过高：一是雷击在线路导线上；二是雷击避雷线后反击到输电线上；三是雷击在线路附近或杆塔上，在输电线上产生感应过电压。雷电流通过线路一旦侵入变电站，将直接威胁设备的安全。

■ 雷击对输电线路造成威胁

外力破坏

人们有意或无意造成电网线路部件的非正常状态就是外力破坏。外力破坏会产生线路故障，甚至严重的电力事故。如在山区开山炸石，碎石很容易炸伤绝缘子、炸断导线；又如在电力线路下方燃烧秸秆，火焰和浓烟极易导致线路跳闸；还有在线路保护区内施工的大型吊车、挖掘机会碰断导线、撞坏杆塔等。此外，一些不法分子受经济利益的驱使盗窃塔材、拉线等电力设施，在输电线路下违章施工等也属于外力破坏。

■ 在输电铁塔附近挖土危害电网安全

■ 被冰雪压倒的杆塔

■ 电力设备检修

覆冰灾害

低温雨雪的寒冷天气，大量水气会凝结在导线表面形成输电线路覆冰。由覆冰灾害引起的输电线路倒杆（塔）、断线及跳闸事故会对输电线路造成重大损害。输电线路覆冰时，杆塔两侧受力不平衡，就会出现导线断落，造成倒杆；结冰的电线遇冷会收缩，风吹引起振荡，电线有时会不能承受重荷载而断裂；有时导线舞动时间过长，会使导线、杆塔、绝缘子、金具等受到不平衡冲击而产生疲劳损伤。

焦耳定律

没有人能够想到，一百多年后的今天，焦耳定律对解决冰雪灾害给电力线路造成的危害有着如此现实的意义。1840年，英国物理学家焦耳（James Prescott Joule）在英国皇家学会上宣读的论文中第一次提出传导电流将电能转换为热能。不久，俄国物理学家楞次（Heinrich Friedrich Emil Lenz）也独立发现了与焦耳相同的结论，后来该定律被称为焦耳定律或焦耳—楞次定律。生活中有很多家用电器，如电暖器、电熨斗、电饭锅、电烤炉、电热水器等都用到了焦耳定律，电力线路融冰装置的基本原理也是焦耳定律。

■ 物理学家焦耳

直流融冰技术

2008年，百年一遇的雪灾席卷了中国南方地区，输电线路上结了厚厚的冰，导致杆倒线断，造成了巨大的经济损失。此后，电力科技人员攻关研究出“直流融冰”新技术，采用固定式直流融冰装置对覆冰进行融化，这一装置的原理是：导线存在电阻，通电时会产生热量，虽然电阻并不大，但当导线上通过较大电流时，几分钟后产生的热量能使输电导线发热，从而达到融冰效果。中国目前已经将移动式融冰装置和固定式融冰装置结合起来使用。

■ 移动式直流融冰装置

停电和抢修

停电是指供电发生中断的现象。供电公司按计划对电力线路或设备进行定期检修维护，或是供电设施遇到超过电力设施设计标准的自然灾害、外力破坏、设备故障、运行维护人员误操作、用户内部发生事故、因窃电或违章用电而施行中止供电等情况时，都可能停电。发生停电现象后，用户可直接拨打供电服务热线询问原因，如果属于事故停电，供电部门应尽快开展抢修。

■ 随时出发抢修的变电运维车

导线落地和跨步电压

当一根带电导线断落在地上时，落地点与带电导线的电压相同，电流就会从导线的落地点向大地流散，离落地点越远，电流越分散，地面电势也越低。就像在湖面扔下一块石头荡起波纹一样，离落点越远波纹越弱。此时，如果人或恰好站在距离电线落地点较近的位置，两脚之间承受的电位差称为跨步电压，由此引发的触电称为跨步电压触电。正确的做法是远离可疑的断落导线。一旦误入跨步电压区，双脚尽量不要同时落地，最好用一只脚跳着朝落地点相反的方向走，直至远离跨步电压区。

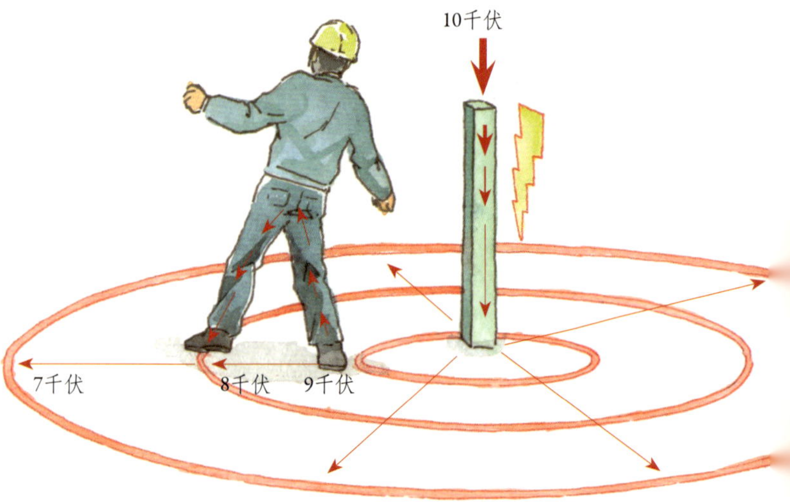

■跨步电压示意图

自然电磁骚扰和人为电磁骚扰

自然电磁骚扰主要来源于自然界大气层和地球外层空间的电磁噪声，包括宇宙电磁噪声、大气电磁噪声、热电磁噪声、沉积静电噪声、磁暴等。这些电磁骚扰是构成地球电磁环境的基本组成部分，可能对人造卫星、宇宙飞船的运行，弹道导弹、运载火箭的发射产生干扰。人为电磁骚扰主要包括电气与电子设备工作时产生的电磁骚扰，如医疗设备、信息技术设备、无线电发射设备、电视高频信号等产生的电磁骚扰。这些电磁骚扰源存在于现代人类生活的各个环节和过程中，不可能完全排除，但通过采取合适的设计、布置及相关措施，可以降低其影响的程度。

■来自自然界的电磁骚扰

■电磁干扰的应用——军队发射干扰信号

电磁干扰

1990年，国际电工委员会将电磁现象及引起的后果区别开来，将电磁骚扰定义为一种电磁现象，而将电磁干扰定义为电磁骚扰引起的后果。也就是说，电磁骚扰这种现象可能引起装置、设备、系统性能等降低，这些后果统称为电磁干扰。日常生活中，收音机调台时听到的“嚓嚓”声就是电磁干扰。电磁骚扰可以按照不同的方法分类，例如按照骚扰的作用时间分为瞬态电磁骚扰和稳态电磁骚扰，按照产生原因分为自然电磁骚扰和人为电磁骚扰等。

电气安全距离

设置电气安全距离的目的是防止人体、车辆或其他物体碰撞或过分接近带电体造成事故，防止电气短路事故、过电压放电和火灾事故，为操作留出足够的空间。10千伏电力线路与居民区及工矿企业地区的安全距离为6.5米；非居民区，但是有行人和车辆通过的安全距离为5.5米；交通拥挤地区的安全距离为4.5米；公路路面的安全距离为7米；铁道轨顶的安全距离为7.5米；通航河道最高水面的安全距离为6米；不通航的河流、湖泊（冬季水面）的安全距离为5米。

■放风筝要注意电气安全距离

名词解释

B

避雷针， P35

拦截雷击并将雷电引向自身并泄入大地，使被保护物免遭直接雷击的防雷装置，又称导闪针。

C

超级电容， P46

从二十世纪七八十年代发展起来的通过极化电解质来储能的电化学元件，又名电化学电容，双电层电容器、黄金电容、法拉电容。

抽水蓄能电站， P45

利用电力系统低谷负荷时的价值低电力抽水到高处储存，在价值高的高峰负荷时段放水发电的水电站。

磁光效应， P07

是指处于磁化状态的物质与光之间发生相互作用而引起的各种光学现象，包括法拉第效应、克尔磁光效应、塞曼效应和科顿—穆顿效应等。这些效应均起源于物质的磁化，反映了光与物质磁性间的联系。

磁力线， P06，P12

磁力线是人为的假设的曲线，也称为磁感线。人们在磁场中画一些曲线，用虚线或实线表示，使曲线上任何一点的切线方向都跟这一点的磁场方向相同（且磁感线互不交叉），这些曲线叫磁感线。磁感线是闭合曲线，磁铁周围的磁感线都是从N极出来进入S极，在磁体内部磁感线从S极到N极。

D

电磁骚扰， P52，P53

任何可能引起装置、设备或系统性能降低，或者对有生命（无生命）物质产生损毁作用的各种电磁现象。

电网解列， P44，P48

当电力系统受到干扰，其稳定性遭到破坏，发电机和电力系统其他部分之间、系统的一部分和系统其他部分之间失去同步并无法恢复同步时，将它们之间的电联系切断，分解成相互独立、互不联系的部分，以防止事故扩大造成严重后果。

电阻率， P34

表示物质导电性能的参数，单位是欧[姆]·米。电阻率越小，物质导电性能越强。

动力伞， P33

主要由滑翔伞与发动机两部分组成，也称动力滑翔伞，是一种个人休闲飞行器。

动叶片， P13

动叶片安装在汽轮机转子的叶轮或转鼓上，接受静叶栅射出的高速汽流，把蒸汽的动能转换成轴旋转的机械能，使转子旋转。

G

高频信号， P52

一种频率较高的信号，为了能够在空中传播电视信号，必须把视频信号调制成高频或射频信号，每个信号占用一个频道，这样才能在空中同时传播多路电视节目而不会导致混乱。

隔离开关， P25，P31，P42

一种在分闸位置时其触头之间有符合规定的绝缘距离和可见断口，在合闸位置时能承载正常工作电流及短路电流的开关设备。

过电压， P49，P53

超过电力系统最高工作电压（与不同额定电压等级对应）的电压。

H

换流器， P29，P31

换流站中用以实现交、直流电能相互转换的设备。实现交流电转换为直流电的叫整流器，实现直流电转换为交流电的叫逆变器。

J

静叶片， P13

直接安置在汽缸内壁、汽缸上和镶嵌在隔板上叶片的统称。在蒸汽室中的静叶片也叫喷嘴。静叶片在汽轮机中不但为汽流导向，而且还使蒸汽加速。

K

可见光， P05

电磁波谱中人眼可以感知的部分。可见光谱没有精确的范围，一般人的眼睛可以感知波长400～760纳米之间的电磁波；还有些人能够感知到的波长在380～780纳米之间。

L

励磁系统，P15

汽轮发电机组的励磁系统是指向汽轮发电机组提供可调节励磁电流的设备和装置的组合。

漏电保护器，P42

主要用于设备发生漏电故障时有致命危险的人身触电保护，具有过载和短路保护功能。

M

母线，P25，P31，P34

是指多个设备以并列分支的形式接在其上的一条共用的导体，具有汇集和分配电力的作用。

N

逆变器，P10，P28

将直流电能（电池、蓄电瓶）转变成交流电（一般为220伏，50赫兹正弦波）的设备。

凝汽器，P13，P17

接受汽轮机排汽并使之冷凝，从而建立和保持一定真空的热交换器。

S

输出功率，P14

输出功率的定义是单位时间内电源或设备向外界提供的能量。

水利枢纽，P14，P15

为了满足各项水利工程兴利除害的目标，在河流或渠道的适宜地段修建的不同类型水工建筑物的一种综合体。

水头，P14

水头是指两个测量断面单位水体的能差，以米水柱表示。水电站水头指上、下游水位差，它是构成水电站发电能力的主要动力因素之一。

T

跳闸，P49，P50

供电系统一旦发生事故，继电保护装置即被事故产生的短路电流启动，自动将向事故点供电的断路器断开。

X

悬浮燃烧，P13

燃料以粉状、雾状或气态随同空气经燃烧器喷入锅炉炉膛，在悬浮状态下进行燃烧的方式。这一燃烧方式通用于气体、液体、固体燃料，通称火室燃料。

Y

永磁体，P04

在开路状态下能长期保留较高剩磁的磁体就称为永磁体。

有机废水，P22

一般是指由造纸、皮革及食品等行业排出的有机物含量在2000毫克/升以上的废水。这些废水中含有大量的碳水化合物、脂肪、蛋白、纤维素等有机物。

原动机，P08

泛指利用能源产生原动力的一切机械。

Z

蒸汽发生器，P13，P17

利用燃料燃烧释放的热能或其他热能将水（或其他工质）加热，以产生规定参数和品质的蒸汽、热水（或其他工质）的设备。用于发电的蒸汽发生器也称电站锅炉。

整流器，P10

把交流电转换成直流电的装置，可用于供电装置及侦测无线电信号等。

重油，P13

是原油提取汽油、柴油后的剩余重质油，成分主要是碳氢化合物，另外含有部分的硫磺及微量的无机化合物。

装机容量，P09，P15，P17，P23

发电厂全部发电机组的额定出力（铭牌功率）总和，能表征发电厂的发电能力。

内容索引